普通生物学实验与实践

主　编　袁小凤

副主编　柴　惠

ZHEJIANG UNIVERSITY PRESS
浙江大学出版社

图书在版编目（CIP）数据

普通生物学实验与实践 / 袁小凤主编. —杭州：
浙江大学出版社，2018.1
ISBN 978-7-308-17632-3

Ⅰ.①普… Ⅱ.①袁… Ⅲ.①普通生物学—实验
Ⅳ.①Q1-33

中国版本图书馆 CIP 数据核字（2017）第 277319 号

普通生物学实验与实践

袁小凤　主编

责任编辑　王　波
责任校对　陈静毅　王安安
封面设计　续设计
出版发行　浙江大学出版社
　　　　　（杭州市天目山路 148 号　邮政编码 310007）
　　　　　（网址：http://www.zjupress.com）
排　　版　杭州中大图文设计有限公司
印　　刷　浙江省临安市曙光印务有限公司
开　　本　787mm×1092mm　1/16
印　　张　8.25
字　　数　163 千
版 印 次　2018 年 1 月第 1 版　2018 年 1 月第 1 次印刷
书　　号　ISBN 978-7-308-17632-3
定　　价　20.00 元

前　言

　　"普通生物学实验与实践"是生物科学基础课或专业课的系列实验课程,是针对生物科学范围内基础性实验的教学,目的是为了提高学生的实验实践能力、思维能力和团队协作能力。

　　生物科学是实验性很强的一门学科,其每一点成就都建立在大量的实验数据的基础上,对科研动手能力的要求极高,而《普通生物学实验与实践》一书就是可为学生打下坚实的实验基础。工欲善其事,必先利其器,九层之台,起于垒土,对学生实验能力的培养与提高是当前教学的重要任务。做实验的过程,不仅可锻炼学生的实验技能,也可强化学生的动手能力,培养学生发现、思考与解决问题的习惯,提高学生的团队意识,为学生今后的科研道路打下良好的基础。

　　我们根据多年来的教学实践和经验编写了本书,全书包括"植物学实验""动物学实验""生态学实验"等内容,基本上涵盖了经典的实验方法和技术,并结合实际,附上了最新的普通生物学实验方法。为方便教学,还附有实验报告书等内容。

　　本书可作为生物科学及相关学科的实验教材,适用于研究生和本科生教学,对从事生物科学及相关学科研究的工作者也是一部好的参考书。

　　由于本书内容较多,在编写上可能会出现失误,在教学实践过程中也可能有不便之处,请读者及时指正,以便再版时改正。

编者

2017.10

目　录

第一章

植物学实验

实验一　细胞内贮藏物质的观察和鉴定

实验目的

了解细胞内贮藏物质的形态特点;掌握各种贮藏物质的化学鉴定方法。

实验原理

植物细胞内贮藏物质有淀粉、蛋白质和脂肪三类。观察并识别三类贮藏物质的形态结构和在细胞内的分布位置,并用化学方法鉴定之。

实验用品

1. 器材:显微镜、镊子、刀片、载玻片、盖玻片、解剖针。
2. 试剂:蒸馏水、碘—碘化钾溶液(I-KI)、苏丹Ⅲ。
3. 材料:马铃薯块茎,蓖麻种子或向日葵种子,小麦或玉米种子。

实验内容及方法

一、淀粉的观察与鉴定

植物细胞中贮藏的淀粉以淀粉粒的形式存在,分布在细胞质中,不同植物的淀粉粒的形态大小亦不同(图 1-1-1)。

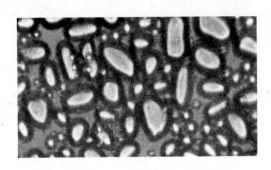

图 1-1-1　马铃薯的淀粉粒(细胞外)

1.淀粉粒的观察

取马铃薯块茎或小麦、玉米种子胚乳,用刀片刮取少许淀粉,用蒸馏水封片观察。先在低倍镜下找到淀粉粒,再转高倍镜,配合细调节轮观察,可以看到淀粉粒中心为一暗点,称其为脐。在脐周围有色泽深浅不同的轮纹。仔细识别单粒、复粒、半复粒淀粉粒。

2.淀粉的鉴定

取马铃薯淀粉少许,直接用 I-KI 溶液封片观察。

淀粉＋I-KI→蓝紫色反应。

二、蛋白质的观察与鉴定

贮藏蛋白质多存在于细胞质和液泡中,以蛋白质晶体和糊粉粒形式存在。蛋白质遇 I-KI 溶液反应呈黄色。

1.观察

取蓖麻种子(或向日葵种子)永久制片,在显微镜下观察,可见到蛋白质以糊粉粒形式存在,是一团无固定形状的蛋白质(胶质)包藏着几个球晶体和拟晶体组成的颗粒。仔细观察糊粉粒结构。

2.鉴定

取浸泡过的玉米或小麦种子做徒手横切片,用 I-KI 溶液封片观察,可见到接近种皮有一层被染成黄色、大而方形的细胞,这就是含有蛋白质的糊粉层,胚乳其他部分因含淀粉则被染成蓝紫色。

三、脂肪的观察与鉴定

脂肪多呈油滴状态分布在某些植物种子的子叶或胚乳细胞质中。

取蓖麻种子剥去种皮做徒手切片,直接用苏丹Ⅲ溶液染色15min,封片观察可见到细胞质中或溢出的被染成红色的油滴。请识别:有些被挤出细胞、没被染上颜色的、发亮的晶体——糊粉粒。

实验二 细胞壁的观察及成分鉴定

实验目的

1. 观察细胞壁的结构特点,掌握用化学方法鉴定不同性质的细胞壁。
2. 观察细胞壁上的纹孔和胞间连丝,以了解多细胞植物的整体性。

实验用品

脱脂棉、夹竹桃叶、马铃薯块茎、苜蓿老茎、辣椒果皮、松茎制片、柿胚乳制片等。

实验器材

显微镜、镊子、刀片、载玻片、盖玻片、解剖针、培养皿。碘—氯化锌溶液、25%盐酸溶液、间苯三酚、苏丹Ⅲ溶液。

实验内容及方法

一、细胞壁结构与成分的观察和鉴定

细胞壁包围在原生质体外方,是由原生质体分泌的产物形成的。细胞壁由果胶层(中层、胞间层)、初生壁和次生壁三层构成(图1-2-1)。

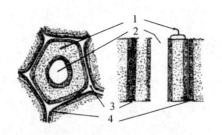

图 1-2-1 细胞壁的分层结构

1.次生壁 2.细胞腔 3.胞间层 4.初生壁

1.胞间层的观察鉴定

胞间层为相邻两个细胞共有的一层,其主要成分为果胶质,具有黏性和弹性。

果胶质在钌红作用下呈红色反应,以此来鉴别之。用镊子撕取洋葱鳞叶内表皮一块,用钌红染 5~10min,用水冲去染料,封片观察可见到相邻两个细胞壁中间有一条红线,即含果胶质的胞间层。

2.细胞壁(初生壁、次生壁)主要成分的鉴定

纤维素是细胞壁的主要成分,由它构成初生壁和次生壁的基本框架。纤维素可用碘—氯化锌溶液鉴定。取棉花少许置于载玻片上,加一滴碘—氯化锌溶液染 30min,再封片观察,纤维素呈蓝色反应。

3.细胞壁性质变化的观察与鉴定

某些植物细胞在生长过程中,细胞壁纤维素框架内由于不断渗入角质、栓质(脂肪性物质)或木质素(苯基丙烷聚合物)等物质,细胞发生角质化、栓质化或木质化,从而改变了细胞壁原有的性质而具有特殊的功能。

(1)角质化:角质在苏丹Ⅲ作用下呈红色反应。取夹竹桃叶或角质比较厚的草本植物的叶片,做徒手横切片,用苏丹Ⅲ染色 15min,再用水洗去多余染料,封片观察可见到在表皮细胞壁的外侧有红色、厚而发亮的一层均匀的物质,即角质层。角质层可增加细胞壁的不透水性。

(2)栓质化:栓质渗入细胞壁内可逐步使细胞壁不透水、不透气,最终使细胞死亡,原生质体消失,仅留栓质细胞壁。

栓质在苏丹Ⅲ作用下呈橙红色反应。取马铃薯块茎作徒手切片,用苏丹Ⅲ染色15~30min,用水洗去多余染料,加水封片,观察可见块茎靠外几层细胞壁被染成橙红色。

(3)木质化:木质素渗入细胞壁内填充于纤维素分子的微纤丝之间。木质化的细胞壁硬度增加,增强了机械支持力量。

木质素在间苯三酚和盐酸的作用下呈玫瑰红色。取苜蓿等草本植物老茎做徒手横切片,选取较薄切片置于载玻片上,先加一滴间苯三酚酒精溶液,然后再加一滴 25% 盐

酸溶液封片,封片时注意擦干切片上溢出的盐酸,以免腐蚀镜头。观察可见木质化的细胞壁被染成玫瑰红色。

二、纹孔与胞间连丝

1.纹孔

在植物的生长过程中,细胞壁(次生壁)并非均匀增厚,而是有许多不加厚的区域,这些不加厚的区域即为纹孔。相邻两个细胞间的纹孔常对应而生,形成一对凹穴,称为纹孔对。

纹孔分单纹孔和具缘纹孔两种(图1-2-2)。

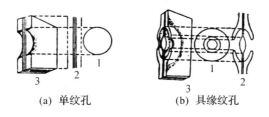

(a) 单纹孔   (b) 具缘纹孔

图 1-2-2 纹孔

1.表面观 2.切面观 3.表面观和切面观

(1)单纹孔:纹孔腔的直径上下一样的纹孔称单纹孔。撕取辣椒果实的表皮一块,从内侧将果肉细胞刮净,制成临时装片,在低倍镜下观察。选择薄而清晰的区域,换高倍镜寻找呈念珠状的两相邻细胞的细胞壁,可见其上有多处发生相对的凹陷,即单纹孔对。在凹陷处有胞间连丝从中穿过。实际上,这种增厚的细胞壁仍属初生壁性质,故称原纹孔更为合适。

(2)具缘纹孔:纹孔腔的直径上下不一致,次生壁在纹孔口向腔内延伸,形成一延伸物,该纹孔为具缘纹孔。取松茎的纵切片,或汲取松茎木质部的离析材料,制成临时的管胞装片,在高倍镜下观察其管胞壁上有显著的同心环状的具缘纹孔正面观。

2.胞间连丝

取柿胚乳制片在低倍镜下观察,可见柿胚乳细胞的壁很厚,因而细胞腔很小,其内的原生质体往往被染成红色或在制片过程中丢失,使细胞腔成为空腔。在两相邻细胞的细胞壁上有许多很细的原生质丝把两个细胞连接起来,这些细丝即为胞间连丝。选择胞间连丝清晰而且较为密集的部位仔细观察(图1-2-3)。须明确的是,一般认为柿胚乳细胞是具有生活原生质体的"厚壁细胞",实际上这种组织是一种特殊的薄壁组织——贮藏组织,它们与其他贮藏组织的不同之处是将其贮藏的营养物质——半纤维素沉积在细胞壁上,使其细胞壁极大地增厚。当种子萌发时,沉在细胞壁上的半纤维素就会酶解成为其他糖类,供给幼胚发育。

图 1-2-3　柿胚乳细胞的胞间连丝
1.胞间连丝　2.胞间　3.细胞腔　4.细胞壁

实验三　植物的成熟组织

实验目的

1.了解成熟组织的主要类型及其分布位置。

2.掌握各类组织的基本结构和细胞特征,明确各类组织细胞形态结构特征的不同是由于生理分工不同的结果,建立细胞形态与环境、结构与功能统一的概念。

实验用品

1.马铃薯块茎、蚕豆叶、小豆叶、芹菜叶柄、天竺葵叶、万年青叶、橘皮、三叶橡胶。

2.女贞叶横切片、玉米幼根横切片、黑藻茎横切片、椴树茎横切片、南瓜茎横切片、南瓜茎纵切片、松茎横切片、玉米茎横切片。

3.天竺葵茎、接骨木茎、复叶槭茎、松树茎浸解材料。

实验器材

显微镜、镊子、刀片、载玻片、盖玻片、解剖针。

实验内容及方法

一、基本组织(薄壁组织)

基本组织由薄壁细胞组成,在植物体内分布较广,具有同化、吸收、贮藏等营养功能。其细胞共同特点是:细胞壁薄,有胞间隙,液泡明显,细胞体积大,分化程度浅,具潜在的分裂能力。

基本组织依功能不同分为以下几种。

1.同化组织

取女贞叶横切片(图 1-3-1),观察位于上、下表皮之间的叶肉细胞,注意细胞内富含叶绿体,可进行光合作用。

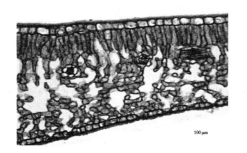

图 1-3-1 女贞叶的同化组织

2.贮藏组织

在种子、果实和块茎、块根等器官中存在大量贮藏组织。取马铃薯块茎切片(图 1-3-2)观察,可见到许多近于圆形、壁薄、排列疏松的细胞,内含大量卵圆形的淀粉粒。

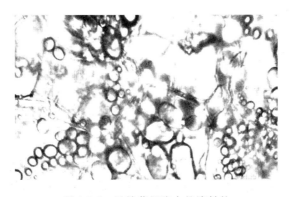

图 1-3-2 马铃薯细胞内的淀粉粒

3.吸收组织

吸收组织的功能是从外界环境中吸收水分和营养物质。根毛细胞为典型的吸收组织,由表皮细胞特化而来。取玉米幼根横切片(图 1-3-3)观察,注意根毛细胞的结构特点,其与表皮细胞有何不同?

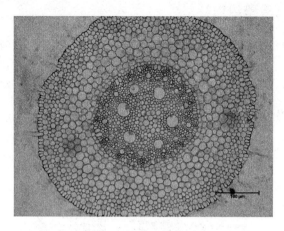

图 1-3-3　玉米根吸收组织

4.通气组织

细胞间隙特别发达形成气腔,贮藏大量空气,如水生植物根、茎。取黑藻茎横切片(图 1-3-4)观察。

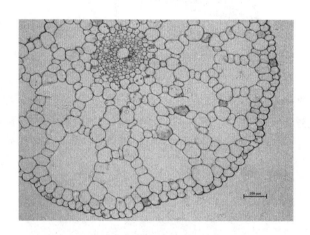

图 1-3-4　黑藻茎通气组织

5.贮水组织

细胞体积大,细胞内液泡十分发达,贮藏大量水分,可适应干旱的环境。取万年青叶做叶肉组织压片,经蒸馏水封片,制成临时装片后观察,可见许多近圆球形的大型薄壁细胞,内含大量水分(图 1-3-5)。

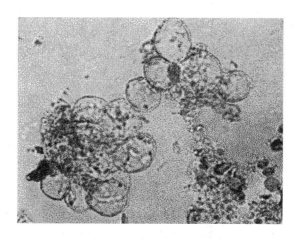

图 1-3-5 万年青叶的贮水组织

6.传递细胞

传递细胞属于特殊的薄壁组织。细胞壁明显内突生长,具有吸收和分泌能力,对物质起短途运输的作用,主要分布在物质需急剧运转的部位。观察电镜照片。

二、保护组织

保护组织分布在植物体表面,可以控制植物体的蒸腾,防止过度失水和机械损伤,避免其他生物侵害。保护组织按来源和功能不同分为:初生保护组织——表皮;次生保护组织——周皮和皮孔。

1.初生保护组织——表皮

表皮由原表皮分化而来。一般仅一层生活细胞,少数多层,如夹竹桃叶。由表皮细胞、气孔器和表皮毛三部分组成。

a.表皮细胞:表皮细胞是构成表皮的主要成分,其细胞特点是:细胞排列紧密无间隙,互相嵌合;液泡较大,不含叶绿体;外壁形成角质层或角质膜,可防止水分过度蒸腾。

b.气孔器:由两个保卫细胞(内含叶绿体)构成,有的保卫细胞的周围还存在副卫细胞。

c.表皮毛:由表皮细胞伸长而成,有单细胞毛和多细胞毛之分。

(1)取青菜叶,撕取其下表皮一小块,用蒸馏水封片观察(图1-3-6)。可见在叶下表皮中存在两种形态的细胞:一种是形状不规则、普通的表皮细胞,其侧壁凹凸不平,彼此紧密镶嵌排列,不含叶绿体;另一种是成对存在的肾形保卫细胞,内含叶绿体,并以凹面相对而生,组成气孔器,两细胞间的窄缝即为气孔。若蒸馏水封片观察不清,可滴加I-KI溶液,使叶绿体变成紫黑色,而细胞核变成暗黄色,以便于确认。

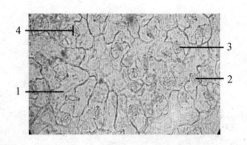

图 1-3-6　青菜叶下表皮
1.表皮细胞　2.气孔　3.保卫细胞　4.气孔器(两个保卫细胞和气孔)

(2)取蚕豆叶横切片,观察叶表皮的切面,以建立有关表皮的立体观念。注意其上、下表皮细胞的细胞形态、结构特点和排列方式,特别是角质层的存在情况。同时,注意观察气孔器的剖面观:保卫细胞小而染色深,与表皮细胞相邻的细胞壁薄,构成气孔的另一面壁厚。在气孔器的里侧是较大空隙的孔下室,这是叶片内部与外界环境进行气体交换的场所。

(3)取小麦叶或玉米叶下表皮装片观察,可见在叶下表皮中存在两类表皮细胞:一类是普通的表皮细胞,呈长方形;另一类为两种短细胞,成对而生,其一为硅细胞,另一为栓细胞。两类细胞呈纵行排列。在表皮细胞间,有规律地排列着气孔器。每个气孔器是由一对狭长的哑铃形保卫细胞和一对近菱形的副卫细胞组成。保卫细胞的中部狭窄,壁厚,两端呈球形,壁薄,细胞内存在叶绿体。副卫细胞壁薄,不含叶绿体。

(4)取天竺葵叶表皮,做临时装片,可见表皮细胞、气孔器、表皮毛和多细胞腺毛。

2.次生保护组织——周皮和皮孔

(1)周皮:由木栓层、木栓形成层和栓内层组成。但实际起保护作用的是木栓层。

取椴树茎横切片观察,最外层是几层细胞壁栓质化、细胞内无细胞质的死细胞,起保护功能,即木栓层。木栓层内侧2~3层扁平的分生组织细胞为木栓形成层,而木栓形成层内方的1~2层生活细胞即为栓内层。

(2)皮孔:木本植物茎,在气孔下方位置由于木栓形成层向外产生大量补充细胞,结果将表皮和木栓层胀破,形成皮孔,使空气和水分可以内外交流。

三、输导组织

输导组织的细胞多分化为长管状,在植物体内互相联系贯通构成维管组织。

1.木质部的输导组织——导管、管胞

(1)导管:导管是被子植物木质部内输导水分及无机盐的组织。每一个导管由许多导管分子组成,导管分子细胞横壁溶解形成穿孔,而其侧壁木质化加厚而成为死细胞。由于细胞壁加厚方式不同而形成各种花纹。根据导管发育先后和壁增厚的花纹不同,可将导管分为五种类型。

环纹导管、螺纹导管:取南瓜茎纵切面观察,在木质部可观察到。

梯纹导管、网纹导管、孔纹导管:取天竺葵茎、接骨木茎、复叶槭茎木质部浸解材料(浸解材料已用番红染料染色),用蒸馏水封片观察,可以见到梯纹、网纹、孔纹各种类型导管。

(2)管胞:管胞是裸子植物和蕨类植物木质部中唯一的输导水分和无机盐的组织。

取松茎木质部浸解材料,用蒸馏水封片在显微镜下可见到每一个管胞由一个细胞组成,管胞为梭形细胞,管胞上下端以斜面相接。壁木质化,壁上有具缘纹孔,相互之间输送水溶液是靠具缘纹孔,所以输导能力不如导管。此外,管胞还兼有机械支持作用。

2.韧皮部的输导组织——筛管和伴胞、筛胞

(1)筛管和伴胞:筛管和伴胞是被子植物运输同化产物的输导组织。

观察南瓜茎纵、横切制片(图1-3-7),可见筛管是由许多筛管分子纵向连接而成的。筛管分子是一长管状的、无核的生活薄壁细胞。每个细胞旁有一到多个伴胞。伴胞有核,富含细胞质。两个筛管分子上下相连的横壁局部融解打通形成筛孔。具筛孔的横壁称为筛板,筛管运输同化产物便是靠穿过筛孔的原生质索来完成。

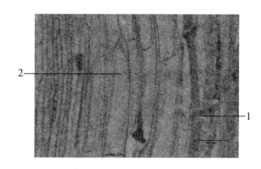

图1-3-7　南瓜茎输导组织纵切面
1.筛板　2.筛板分子

(2)筛胞:取白皮松茎树皮的纵切片观察,可见薄壁的筛胞呈纵向排列,其壁上有许多染色较深的筛域。

每个筛域上密集生有许多很小的筛孔,这便是裸子植物有机物运输的通道。

四、机械组织

机械组织是由分生组织生长分化适应,于植物体内起机械支持作用的组织,支持植物体本身的重量和承受外界压力。该组织的主要特点:细胞壁纤维素加厚或木质化加厚。该组织依其细胞壁加厚方式和成分不同分为厚角组织和厚壁组织。

1.厚角组织

常见于草本茎、叶柄、叶脉表皮细胞下方部位,是长梭形生活细胞,常成束存在。细胞壁

纤维素加厚并发生在角隅处(图1-3-8)。因此,细胞壁硬度不强,有弹性,不妨碍其生长。

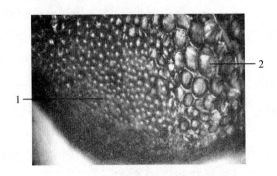

图1-3-8　芹菜茎的厚角组织

1.厚角组织　2.薄壁组织

取甜菜叶柄等新鲜材料做徒手横切片,用水封片后,在显微镜下观察,在叶柄表皮细胞的内侧有灰白色成堆的细胞群,这些细胞的细胞壁在角隅处纤维素增厚,透明,细胞腔为暗灰色部分。

2.厚壁组织

厚壁组织细胞特点为:细胞壁强烈木质化或纤维素次生全面增厚,细胞成熟后原生质体解体消失,成为死细胞,有较强机械支持作用。常见的有纤维和石细胞。

(1)纤维:在南瓜茎或亚麻茎横切片中,可观察到厚角组织内方,有一团或一圈细胞壁被染成绿色、普遍加厚的细胞。往往成束存在,即为纤维(韧皮纤维)。

取接骨木茎浸解材料,用水封片后观察,可见到两头尖、细长形、壁强烈增厚而胞腔极小的死细胞,即纤维细胞。

(2)石细胞:用镊子从梨果肉中取出几颗坚硬的颗粒(即石细胞群),放在载玻片上,用镊子柄压碎,用水封片后观察,可见到圆形或椭圆形石细胞。细胞壁异常加厚,细胞腔很小,细胞壁未加厚部分形成明显的纹孔道。石细胞无原生质体,是死细胞(图1-3-9)。

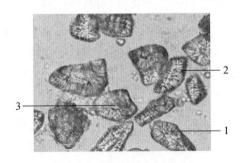

图1-3-9　梨果肉内的石细胞

1.增厚的细胞壁　2.纹孔道　3.细胞腔

五、分泌结构

分泌结构由分泌细胞组成,能分泌树脂、挥发油、橡胶、乳汁、蜜汁等物质。分泌结构分外分泌结构和内分泌结构。

1.外分泌结构

分布在植物体表面。取天竺葵叶表皮做临时装片,观察腺毛。

2.内分泌结构

观察松茎横切片中的树脂道。

观察橘皮的分泌腔及三叶橡胶的乳汁管。

实验四　茎的形态与结构

实验目的

1.观察单、双子叶植物幼茎的解剖特点,掌握茎的初生结构。

2.掌握茎中形成层的发生及其活动,了解其次生生长的发育规律。

3.掌握常见植物茎的次生结构和其特点。

4.掌握次生保护组织——周皮的形成和其结构特点。

5.了解茎木材三切面的结构特点。

实验用品

向日葵幼茎横切片、苜蓿幼茎横切片、玉米茎横切片、小麦茎横切片、向日葵老茎横切片、椴树茎横切片、松茎木材三切面、桧茎三切面标本。

实验器材

显微镜。

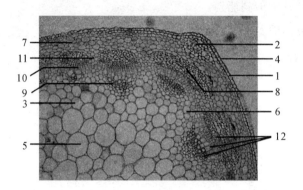实验内容及方法

一、茎的初生结构

1.双子叶植物茎的初生结构

观察苜蓿幼茎横切片,其幼茎的初生结构由表皮、皮层、维管柱三部分组成(图1-4-1)。

图 1-4-1　苜蓿幼茎横切面

1.表皮　2.厚角组织　3.薄壁组织　4.表皮毛　5.髓　6.髓射线

7.韧皮纤维　8.初生韧皮部　9.后生韧皮部　10.束中形成层

11.束间形成层　12.维管束

(1)表皮:排列整齐的一层生活细胞,体积较小,细胞内不含叶绿体,细胞外壁角质化,并形成角质层,在表皮上有表层皮毛及气孔。注意比较茎与根的表皮的区别。

(2)皮层:表皮以内、维管柱以外的部分,所占比例不及根大。皮层由多层细胞组成,包含多种组织,但以薄壁组织为主。紧贴着表皮的是一层厚角组织细胞,尤其是在茎的棱角处厚角组织更为发达。厚角组织的内侧是数层体积较大的薄壁组织细胞,近表皮的几层薄壁细胞具叶绿体,形成同化组织,故使幼茎呈绿色。

茎中没有典型的内皮层,但在皮层的最内层细胞中含有许多淀粉粒,特称淀粉鞘。

(3)维管柱:茎的维管柱较发达,与根的中柱相比具有较大的面积。由于其没有典型的内皮层和中柱鞘,所以使维管柱与皮层的界限不易区分。

茎的维管柱可分为维管束、髓射线及髓三部分。

①维管束:多呈束状,在横切面上许多维管束排列成一环,染色较深,易于识别。每个维管束都是由初生木质部、束中形成层和初生韧皮部组成的。而且韧皮部在木质部的外面,属外韧维管束,由于有束中形成层的存在,也称为无限维管束。

初生木质部:包括原生木质部和后生木质部。根据导管分子口径的大小和番红染

色的深浅可以判断,靠近中心的是原生木质部,其外方是后生木质部。由于其自内向外的成熟方式,故初生木质部的分化方向为内始式。

初生韧皮部:包括原生韧皮部和后生韧皮部。其发育过程是自外向内成熟,故称外始式。

束中形成层:保留在初生木质部与初生韧皮部之间的几层具有分裂能力的原形成层细胞。在横切面上,细胞扁平,壁薄。

②髓射线:髓射线是存在于相邻两个维管束之间的薄壁细胞,它连接皮层和髓,承担着髓至皮层薄壁细胞之间的物质运输,正对束中形成层部分的髓射线细胞可转为束间形成层,参与茎的次生生长。

③髓:髓是位于茎中央的大型薄壁细胞,排列疏松,具有贮藏功能。

2.单子叶植物茎(禾本科作物)的结构

(1)玉米茎的结构

取玉米茎横切片观察(图 1-4-2),可见玉米茎是实心体,其横切面上自外向里的结构依次为表皮、基本组织和分布在基本组织中的维管束。

①表皮:最外一层细胞,呈扁方形,排列整齐,外壁加厚,有的细胞较小,外壁上有发亮的硅质加厚。表皮上有气孔。(有关表皮的细胞组成和特点详见实验五中叶的介绍)

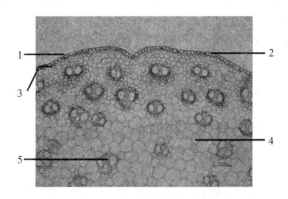

图 1-4-2 玉米茎横切面
1.表皮毛 2.表皮 3.机械组织环 4.基本组织 5.维管束

②基本组织:表皮内为基本组织。靠近表皮处,有 1~3 层排列紧密、体积较小的厚壁细胞组成的外皮层。它们排列成一保护环(机械组织环)。内部为薄壁细胞的基本组织,细胞体积较大,排列疏松,并有胞间隙。越靠近茎的中央,细胞的直径越大。

③维管束:散生在基本组织中。在茎的边缘,维管束分布的数量较多,但每个维管束较小,在茎的中央数量少,但每个维管束较大。因此,在玉米茎中没有皮层、维管柱及髓之间的明显界限。

在高倍镜下仔细观察一个维管束的结构(图 1-4-3):

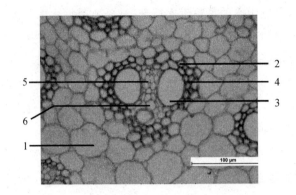

图 1-4-3 玉米茎的维管束

1.基本组织 2.维管束鞘 3.原生木质部 4.后生木质部

5.韧皮部 6.胞间道

维管束由一至数层厚壁细胞构成的维管束鞘所包围。里面只有初生木质部和初生韧皮部,其间没有形成层,故为有限维管束。

初生木质部通常含有 3~4 个显著的导管,在横切面上排列成 V 字形。V 字形下半部是原生木质部,含有 1~2 个较小的导管。导管的内方有一个大空腔,称胞间道,是由于一部分最早形成的原生导管被破坏而形成的。V 字形的上半部是后生木质部,含有两个大的孔纹导管,二者之间分布着一些管胞。初生韧皮部位于 V 字形的开口处,仅由筛管和伴胞组成。其中原生韧皮部位于后生韧皮部的外侧,但已被挤压破坏。

(2)小麦茎的结构

小麦茎为空心茎。取小麦茎横切片观察(图 1-4-4)。注意与玉米茎作比较。

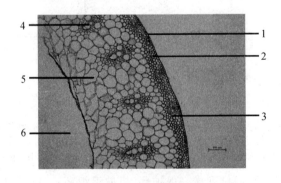

图 1-4-4 小麦茎横切面

1.表皮 2.机械组织 3.基本组织 4.维管束 5.绿色组织 6.髓腔

①表皮:表皮细胞壁角质加厚,也有气孔。

②机械组织和绿色组织:机械组织在表皮内方形成不同厚度的环带区域,包围着绿色组织以及外围较小的维管束。绿色组织由薄壁细胞组成,在横切面上呈圆形,纵向

延长。

③维管束：节间处的维管束分内外两环,外环维管束小,分布在机械组织中,并与绿色组织交替排列;内环维管束较大,分布在基本组织中。其结构与玉米茎相近。

④髓腔:在茎的中央形成的一空腔。

二、茎形成层的产生和活动

观察有加粗生长的向日葵老茎横切片,可见在维管束之间髓射线细胞恢复分裂能力,形成束间形成层,并向两侧延伸与维管束内束中形成层相连接形成层环。形成层活动的结果是向内分裂分化木质部各种细胞,向外分裂产生韧皮部各种细胞。在切片上,向内分裂产生的木质部各种细胞比向外分裂产生的韧皮部细胞多。

三、双子叶植物茎的次生结构

取椴树茎横切片,观察其次生结构(图1-4-5)。

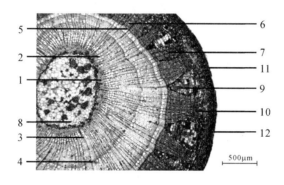

图 1-4-5　椴树茎三年横切面

1.初生木质部　2.次生木质部　3.木射线　4.年轮线　5.维管形成层
6.次生韧皮部　7.韧皮射线　8.髓腔　9.髓射线
10.初生韧皮部　11.周皮　12.皮孔

1.次生维管组织

茎形成层进行分裂,向外产生次生韧皮部,细胞排列呈梯形,其底边靠近形成层。其中韧皮纤维细胞被染成红色,筛管、伴胞和韧皮薄壁细胞与之相间排列。

与韧皮部相间排列着髓射线。这些髓射线细胞越靠近外部细胞数量越多,构成一个以皮层为底边的倒梯形。形成层向内产生次生木质部,在横切面上占有最大面积。由于细胞直径大小及细胞壁厚薄不同,可清楚地观察到年轮的界限。

年轮:在茎横切面上,可以清晰地看到木质部的若干个同心环年轮。在低倍镜下就可观察到秋天形成层细胞分裂分化的木质部各种细胞口径小,壁厚,特别是导管分子更为显著,被染成深红色,即为晚材;春天形成的木质部各类细胞,口径大,壁薄,为早材。前一年的晚材与第二年的早材之间,界限非常明显,称为年轮线。椴树茎的横切面上,早材与晚材之间,导管的口径大小区别十分明显。

起源于射线原始细胞的维管射线贯穿于次生木质部和次生韧皮部中,分别形成细胞呈径向排列的木射线和韧皮射线。

2.周皮和皮孔

周皮包在茎的最外围,代替表皮起保护作用。周皮由木栓层、木栓形成层和栓内层共同组成。在椴树茎的横切面上清楚可见。

(1)木栓层:在残留的表皮之下,为多层按半径线整齐排列的细胞。没有胞间隙,胞壁加厚并栓质化,细胞中无生活物质,无核,是死细胞。所以木栓层不透水,也不通气。

(2)木栓形成层:位于木栓层的内侧。椴树茎的木栓形成层是由靠近表皮的皮层薄壁细胞恢复分裂能力而产生的,仅有一层细胞,形状扁平、壁薄、具核、细胞质浓。由它向外分裂、分化木栓细胞,构成木栓层;向内分裂、分化生活的薄壁细胞,构成栓内层。

(3)栓内层:紧靠木栓形成层,一般为1~2层生活的薄壁细胞,有明显的细胞核和细胞质。排列方式与木栓层相似,故易于与皮层区别。

同时,注意观察周皮上的通气结构——皮孔。周皮上形成的一个两边拱起的破裂口,即皮孔。皮孔处的内方是一团排列疏松的、圆形的薄壁细胞,叫补充细胞。细胞间隙很大,所以此处可透气。在补充细胞的内方,则是木栓形成层和栓内层。由于木栓形成层在此处不形成木栓层,而产生大量的补充细胞,故能胀破外面的表皮和木栓层而形成裂缝状的皮孔。

四、裸子植物茎的次生结构

裸子植物通过维管形成层和木栓形成层的产生和活动,进行茎的次生生长,产生次生维管组织和周皮。

1.松茎三切面的观察(图1-4-6)

取一段直径10cm左右的松茎三切面标本,注意:切面是以径向纵切和切向纵切的两个断面。观察:

(1)横向切面:注意树皮的厚度、色泽。它是由哪几部分细胞组成的?树皮内是木材,注意观察年轮线、边材和心材。

(2)径向切面:注意年轮线的排列方向,观察木材上的花纹是怎样形成的?

(3)切向切面:观察它和径向切面有何不同?与横切面有何不同?

图 1-4-6　松茎切片(从左至右依次为横向切面、径向切面、切向切面)

2.松茎木材三切面的结构特征

取松茎木材三切面的制片观察,在三个不同的切面上,次生木质部(木材)各种组织的分布及形态特征,从而建立茎结构的立体观念。

(1)松木材横切面:观察各种成分的形态特征。管胞呈四边形或多边形,具缘纹孔在管胞的径向壁上呈剖面观;木射线呈放射状排列,仅一列细胞宽,是长方形的薄壁细胞;树脂道明显可见,呈横切面。

(2)松木材径向纵切面:可见管胞呈纵向排列,细胞长梭形,细胞壁上的具缘纹孔呈正面观;木射线细胞呈纵切状态,横向排列,能见其壁上有单纹孔与茎轴面垂直,可以见到射线的高度;树脂道多呈纵向分布。

(3)松木材切向切面:管胞呈纵向排列,壁上的具缘纹孔呈剖面观;木射线是横切状态,轮廓大约为梭形;可以见到木射线的高度与宽度。

实验五　叶的形态与结构

实验目的

1.掌握单、双子叶植物叶的解剖结构。

2.了解不同生境下植物叶片结构的特点。

3.了解叶的变态。

实验用品

1.女贞叶横切片,玉米叶横切片,小麦叶横切片,夹竹桃叶横切片,眼子切菜叶横切片,松针叶横切片。

2.蜡叶标本:洋槐、豌豆、洋葱、猪笼草。

实验器材

显微镜。

实验内容及方法

一、双子叶植物叶片的解剖结构

取女贞叶横切制片。观察并注意区分上下表皮、叶肉和叶脉等几部分基本结构(图1-5-1)。

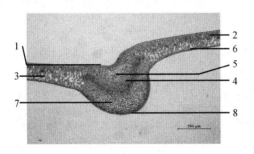

图1-5-1 女贞叶横切面

1.上表皮 2.栅栏组织 3.海绵组织 4.木质部 5.韧皮部

6.水孔 7.基本组织 8.下表皮

1.表皮

叶有上、下表皮之分,都是由一层长方形的生活细胞组成,细胞排列紧密,外壁较厚且角质化形成角质层。表皮上分布有表皮毛。在表皮细胞之间,可观察到成对的小细胞及它们内方的空腔,这是气孔器。一般下表皮的气孔数量较上表皮多。

取蚕豆叶表皮细胞正面观压片观察,可见表皮由两种形态不同的细胞构成:一种是形态不规则的表皮细胞,有细胞核,但无叶绿体;另一种是成对的、肾形的保卫细胞,有明显的叶绿体。

2.叶肉

叶肉位于上、下表皮之间,是叶内最发达的组织,属绿色的同化组织。女贞叶肉明显地分化为栅栏组织和海绵组织。栅栏组织分布在上表皮的下方,由2~3层排列整齐而紧密的圆柱状细胞组成,细胞的长轴与表皮细胞垂直排列。细胞内含丰富的叶绿体,因此,叶的上表皮呈深绿色。

海绵组织分布在栅栏组织和下表皮之间,是几层排列疏松的大型薄壁细胞,形状不规则,胞间隙较发达,并与气孔的孔下室相通构成叶片内部的通气系统。细胞内含叶绿体较少,所以叶下表皮颜色较浅。

3.叶脉

叶脉是通过叶肉组织之间的维管系统。在叶中央可找到主脉(中脉),具有较大的维管束。靠近上表皮的是维管束的木质部,靠近下表皮的是韧皮部。在木质部和韧皮部之间可观察到形状扁平的形成层细胞,它们的活动是有限的。在木质部、韧皮部与上、下表皮之间则是薄壁细胞和厚壁细胞。主脉两侧有侧脉和细脉,叶脉越细,结构越简单。在叶脉分支顶端有若干传递细胞。

二、单子叶植物叶片的解剖结构

以禾本科植物叶为例。禾本科植物的叶片一般没有上下面之分,解剖结构上没有栅栏组织和海绵组织之区别,称为等面叶。

1.观察小麦叶横切制片

取小麦叶横切制片,观察其内部结构(图1-5-2)。

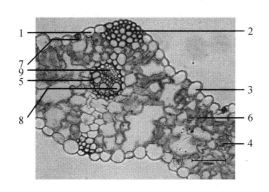

图 1-5-2　小麦叶横切面

1.表皮　2.泡状细胞　3.厚壁组织　4.叶脉　5.维管束鞘
6.叶肉　7.气孔　8.木质部　9.韧皮部

(1)表皮:叶的上、下方都有一层细胞结构的表皮。靠木质部一侧为上表皮,韧皮部相对一侧为下表皮。表皮细胞外壁角质化、硅质化明显。两个叶脉之间的几个上表皮细胞特化为大型薄壁细胞,称泡状细胞或运动细胞,中间的较大,两旁的较小,在叶横切面上呈扇形排列。除泡状细胞外,表皮细胞间还有气孔器及气孔内侧的孔下室。

取小麦叶表皮细胞正面观压片观察,可见其表皮细胞呈纵行排列,除有普遍的长形表皮细胞外,还有两种成对而生的短细胞,一是硅质细胞,另一是栓细胞,二者交替排列成行。在普通的表皮细胞间,还有特化为气孔器的细胞,它由4个细胞组成,其中两个呈哑铃形的是保卫细胞,其中部狭窄,壁厚;两端膨大成球状,壁薄,并可见到叶绿体。

保卫细胞两侧的两个呈三角形的小细胞为副卫细胞,无叶绿体。

(2)叶肉:无栅栏组织和海绵组织之分,由几层间隙较小的大型薄壁细胞组成,内含叶绿体。

(3)叶脉:在叶肉中分布着大小不等、平行排列的维管束。小麦的维管束是有限维管束,没有形成层,因此,茎的增粗有限。木质部靠近上表皮,韧皮部靠近下表皮。维管束外有两层细胞构成的维管束鞘,外层细胞大而壁薄,所含的叶绿体较叶肉细胞少;内层细胞小而壁厚。

2. 观察玉米叶横切制片

取玉米叶片横切制片观察,注意与小麦叶进行比较,特别注意观察维管束鞘的结构及细胞特点(图1-5-3)。

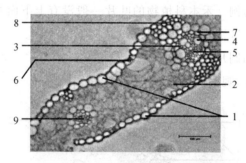

图1-5-3 玉米叶横切面

1.表皮 2.叶肉 3.叶脉 4.木质部 5.韧皮部 6.气孔

7.维管束鞘 8.厚壁组织 9."花环状"结构

三、松针叶的结构

松属植物的针叶,因种的不同,2～5针一束簇生,因此,其横切面呈三角形或半圆形,但其内部结构基本相同。取松针叶横切制片观察(图1-5-4)。

图1-5-4 松针叶横切面

1.厚壁组织 2.内皮导 3.转输组织 4.维管束 5.表皮下陷部分

6.气孔 7.角层 8.表皮 9.叶肉组织 10.树脂道

1.表皮及皮下层

表皮细胞排列紧密,细胞壁普遍加厚,并强烈木质化,胞腔极小。表皮细胞的外壁上形成有很厚的角质层。气孔明显下陷,冬季气孔被树脂所填充,借以减少水分的蒸发。表皮下为一至数层纤维状的硬化薄壁细胞构成的皮下层,可防止水分蒸发和增强叶的硬度。

2.叶肉

皮下层以里是叶肉,没有栅栏组织和海绵组织的分化。叶肉细胞特化,细胞壁向内折陷,形成许多不规则的皱褶。细胞内有大量的粒状叶绿体。叶肉细胞间分布有树脂道,由两层细胞围合而成。里层为分泌细胞,外层为具栓质化厚壁的细胞。

叶肉细胞的最里层,细胞壁栓质化加厚,形成明显的凯氏带结构,称为内皮层。叶肉细胞具有凯氏带结构,是松针叶的特征之一。

3.转输组织

转输组织是内皮层里面几层排列紧密的细胞。转输组织由三种类型的细胞构成:一种是细胞内没有内含物的死细胞,其壁稍厚并轻微木质化,壁上有具缘纹孔,又称管胞状细胞。另一种是生活的薄壁细胞,在生活后期充满鞣质。管胞状细胞常分布在这种薄壁细胞之间。第三种也是生活的薄壁细胞,细胞内含有浓厚的细胞质,一般成堆地分布在韧皮部的一侧,这种细胞又称蛋白细胞。

转输组织的作用可能与叶肉维管束间的运输有关。

4.维管束

在转输组织以里有1～2个外韧维管束。维管束主要由初生木质部和初生韧皮部构成,次生维管组织含量不多。初生木质部的组成成分为管胞和薄壁细胞,各自排列成行,呈径向间隔分布。在韧皮部的外方还分布着一些厚壁细胞。

四、不同生境下植物叶片的结构特点

1.旱生植物叶的解剖结构

取夹竹桃叶横切制片,观察其内部结构(图1-5-5)。

(1)表皮:由2～3层细胞组成复表皮。细胞排列紧密,细胞壁厚,外层表皮细胞的外壁角质层特别发达。下表皮也是复表皮,但比上表皮细胞层数少,也有发达的角质层。下表皮有一部分细胞构成下陷的气孔窝。窝内的表皮细胞常特化成很长的表皮毛。气孔位于气孔窝内。

(2)叶肉:表皮之间是叶肉细胞。靠近上表皮,是由多层圆柱状细胞构成的栅栏组织,排列非常紧密,有时下表皮之内也有栅栏组织,海绵组织层数也较多。叶肉细胞中常含有晶簇。

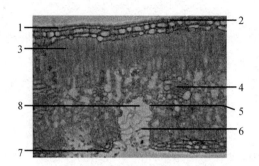

图 1-5-5 夹竹桃叶横切面

1.角质层 2.上表皮 3.叶肉 4.叶脉 5.气孔

6.表皮毛 7.下表皮 8.气孔窝

(3)叶脉:夹竹桃叶的主脉很大,是双韧维管束,在主脉中还可观察到形成层的细胞。其他小的叶脉只能看到木质部和韧皮部。

2.水生植物叶的解剖结构

取眼子菜叶横切制片,观察其内部结构(图 1-5-6)。

(1)表皮:细胞壁薄,没有角质层,细胞内含有叶绿体,没有气孔和表皮毛。

(2)叶肉:叶肉细胞不发达,没有栅栏组织和海绵组织的分化。叶肉细胞都是薄壁细胞,胞间隙很大,特别是主脉,附近形成很大的气腔通道。

(3)叶脉:很不发达。主脉的木质部较退化。

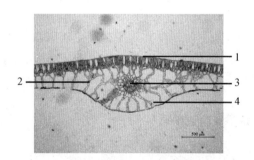

图 1-5-6 眼子菜叶横切面

1.表皮 2.叶肉细胞 3.主脉维管束 4.气腔

实验六 花的形态与结构

实验目的

1. 了解花各部分的内部结构。
2. 掌握花药和花粉粒的结构。
3. 掌握子房、胚珠的结构和成熟胚囊的结构。

实验用品

油菜花蕾纵、横切制片,百合成熟花药横切制片,百合幼嫩花药横切制片,百合子房横切制片,蚕豆、菊花等花。

实验内容及方法

一、花结构组成的观察

取油菜花蕾的横切制片和纵切制片,识别花的各组成部分(图 1-6-1)。

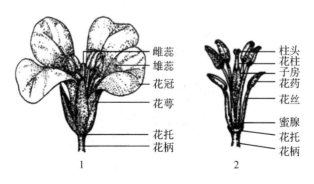

图 1-6-1 油菜花的组成

1. 花的全貌 2. 除去花萼及花冠,示雄蕊和雌蕊

（1）取花蕾纵切制片观察。最外层为花萼，第二层是花冠，中央为雌蕊的纵切面，可见 1 或 2 串胚珠，在雌蕊和花被之间是雄蕊的纵切面，可见花药中有许多圆形的花粉粒。此外，在子房基部与花丝之间可见有染色较重的蜜腺。

（2）取花蕾横切制片观察，可见最外轮为 4 个萼片，第二轮为 4 个花瓣，均呈覆互状排列，中央为雌蕊子房部分的横切，可见胚珠和假隔膜，在子房与花被之间是 6 个雄蕊的花药横切。

二、花药解剖结构的观察

1. 分化完全的花药结构

取百合幼嫩花药横切制片观察（图 1-6-2），可见花药有两个药室，由药隔左右对半分开，每一药室又分为两个花粉囊。在花粉囊中充满花粉粒母细胞。药隔的中上部有一维管束，其四周为许多薄壁细胞所围绕。

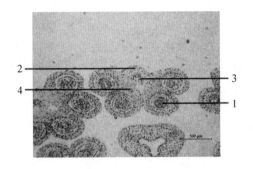

图 1-6-2　百合幼嫩花药横切面

1. 花粉囊　2. 药隔　3. 维管束　4. 薄壁细胞

仔细观察，可见此时花药的壁已发育完全（图 1-6-3）。

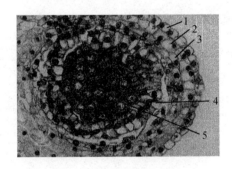

图 1-6-3　百合幼嫩花粉囊横切面

1. 表皮　2. 药室内壁　3. 中层　4. 绒毡层　5. 花粉母细胞

表皮:最外一层细胞,体积较小,具角质层,包围着整个花药,起保护作用。

药室内壁:表皮内一层近方形的大型细胞。

中层:在药室内壁的内侧,由1~3层体积较小的、沿切向延长的扁平细胞构成。

绒毡层:位于药壁的最内层,一层细胞,长柱状,核大,质浓,具有腺细胞的特征。

2.发育成熟的花药结构

取百合成熟花药横切制片观察(图1-6-4),可见花药纵裂,一侧的两个花粉囊打通,在开裂处的表皮细胞特化为唇细胞,细胞较大,染色较深。药壁的药室内壁层已特化为有螺旋状加厚花纹的纤维层,在花药的最外围有一薄层状的表皮层,而中层和绒毡层已作为花粉粒发育的原料被吸收而仅剩残余。花粉囊内充满花粉粒。

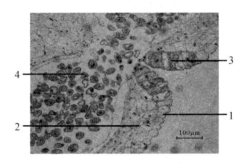

图 1-6-4　百合成熟花药横切面

1.表皮　2.纤维层　3.唇细胞　4.花粉粒

换高倍镜仔细观察花粉粒的结构及形态,可见花粉粒中往往有两个明显的核,其中一个较大,呈圆形,是营养核;另一个较小的是生殖核,呈棱形或圆形。

三、子房解剖结构的观察

取百合子房横切制片观察(图1-6-5),可见整个百合的子房由三个心皮彼此联合而

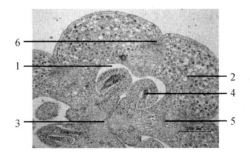

图 1-6-5　百合子房横切面

1.子房室　2.心皮　3.中轴胎座　4.胚珠　5.腹缝线　6.背缝线

形成,是一个三室的复雌蕊,在每个心皮的内侧边缘上各有一纵列胚珠,属中轴胎座。在整个子房内,共有胚珠六列。注意识别心皮的背缝线和腹缝线。

取出一个通过胚珠正中的切面(图1-6-6),仔细观察可见胚珠是附着在珠柄上的,由珠柄与胎座相连,逐步移动切片,寻找珠被、珠孔、合点、珠心和胚囊几个部分。

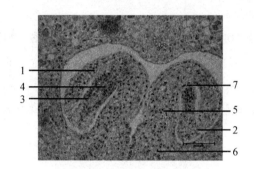

图1-6-6　百合胚珠纵切面

1.珠被　2.珠孔　3.珠心　4.四核胚囊　5.珠柄　6.胎座　7.合点

(1)珠被:包在胚珠外围,一般分两层,分别称为外珠被和内珠被。

(2)珠孔:内、外珠被的顶端不闭合,所保留的孔隙,即珠孔。注意珠孔与珠柄在同一侧,所以百合胚珠属倒生胚珠类型。

(3)合点:位于珠孔相对的一端。由胎座进入胚珠的维管束,经珠柄分叉进入珠被与珠心,三者汇合处即为合点。

(4)珠心:即珠被内方的结构。

(5)胚囊:位于珠心中间,成熟的胚囊为一孔腔,内有7～8个细胞,在靠近珠孔一端有3个细胞,居于中间的为卵细胞,形状较大,两侧的为2个助细胞,较卵细胞略小,三者共同构成卵器。靠近合点端,有3个反足细胞。在胚囊中间可寻找到2个极核或1个中央细胞。

四、其他植物花的观察

1.蚕豆花

蚕豆花的花萼由5片萼片构成,但它们的基部是联合在一起的,只是端部呈裂片状,称为合萼;蚕豆花的花冠由5片组成,但形状各不相同,而且互相分离。从外向内逐一观察,最外面的一片比较大,称为旗瓣,可见内侧是呈卵形的两个翼瓣;最里侧的2个半圆形的花瓣,合生在一起称为龙骨瓣;蚕豆花的雄蕊有10枚花药,但观察花丝的基部,可发现有9枚花丝是联合的,仅1枚独立。雌蕊则位于联合的花丝中间,用刀片将子房剖开,可见里面有2个以上的胚珠存在。

2.菊花

取菊花一朵,观察可见,在整个花的外围,花冠为两侧对称的假舌状花,而内侧呈现的密集花丛状,是由众多的小花组成,故平常所称的一朵菊花,实际上是由许多小花按一定的排列顺序,着生在总花柄上的头状花序。用镊子仔细摘取一朵小花观察,可见其萼片呈毛状围绕在花冠基部,花冠 5 片联合为筒状(有的菊花内侧的小花为舌状花)。将花冠剥去,可看到多个雄蕊的花药结合成一体,而花丝是分离的。中央雌蕊的柱头裂为 2 个。

作业与思考

1.列表比较你所观察的几种花的各组成部分的特点。

2.花的颜色和多种形态与其传粉方式有何联系?

实验七　植物微型标本的制作

实验目的

通过制作植物微细器官的微型标本,学习植物压制标本的一般制作程序及注意事项。

实验原理

植物标本一般分为干制标本和浸制标本两类。干制标本是一种将植物水分去除,消毒后于杀虫环境中保存的标本,有直接干制保存(用于种子)和压制保存(用于枝条)两种方式。压制标本的主要制作程序是:取材、整理、压制、干燥、消毒、上台固定以及贮存。浸制标本是将植物浸泡在保存液(5％甲醛或 70％乙醇)中进行保存的标本。

微型标本是微细器官的干制标本,其制作方法与压制标本相似,主要程序有取材、压制、干燥和封存。

实验用品

1.材料:新鲜的植物微细器官(花、叶片、种子等)。

2.器材:烘箱、体视显微镜、凹面载玻片、载玻片、盖玻片、镊子、解剖针、刀片、吸水纸、细绳等。

实验内容及方法

1.取植物的微细器官,稍作整理后,上下各垫3层左右吸水纸,用两片载玻片夹紧,用细绳固定好,置于60~70℃烘箱中烘烤1~2h。

2.取一片干净的凹面载玻片,将烘烤好的材料置于载玻片的凹槽中,加适量的中性树胶,盖上盖玻片,自然干燥后保存。

作业与思考

1.制作标本时需要注意什么事项?

2.上交一份标本。

实验八　植物界的基本类群

实验目的

了解植物界各基本类群的主要特征及植物界的进化趋势。

实验用品

水绵永久制片,水绵接合生殖永久制片,念珠藻永久制片,硅藻等单胞藻装片、团藻装片,葫芦藓、地钱、土马鬃等浸制标本与其颈卵器、精子器纵切片,蜈蚣草、问荆、大叶瓦苇等标本,蕨叶上的孢子囊群和原叶体装片,松的雌、雄孢子叶球纵切片,具雌、雄球果的松枝、麻黄等。

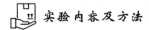 **实验内容及方法**

一、低等植物

低等植物的主要特征是：植物无根、茎、叶分化（又称原叶体植物），无维管束；雌、雄生殖器官为单细胞结构（极少数例外）；合子不形成胚而直接萌发长成新植物个体（亦称无胚植物）。低等植物包括藻类、菌类和地衣三大类。

藻类植物多水生，含有各种色素，可进行光合作用，营养方式是自养。

（1）蓝藻：取念珠藻永久制片观察，细胞内无真正的细胞核和载色体。注意区分营养细胞和异形胞，思考蓝藻有无根、茎、叶分化。

（2）绿藻：多细胞植物体，细胞内有真正的细胞核和载色体。

①取水绵永久制片观察，水绵为多个细胞构成的丝状体。注意植物体有无根、茎、叶分化。试区别细胞核和螺旋带状载色体。

②观察水绵接合生殖装片（示范），请思考藻类生殖器官是多细胞的还是单细胞的，合子萌发是否形成胚。

③观察小球藻、衣藻的挂图，均为单胞藻。

④观察团藻永久制片，植物体为群体。

二、高等植物

高等植物的主要特征是：植物体有根、茎、叶的分化（又称茎叶体植物），有维管束；雌性生殖器官由多细胞构成，有颈卵器；合子形成胚，然后再萌发为植物体（亦称有胚植物）。

高等植物一般生活在陆地上，可分为苔藓、蕨类、种子植物三类。

1. 苔藓植物

植物体有茎、叶分化，但没有真正根的分化，没有维管束，配子体占优势，孢子体寄生于配子体上。

（1）取葫芦藓、土马鬃浸制标本，观察其孢子体和配子体。思考孢子体能否独立生活。

（2）观察葫芦藓或土马鬃的颈卵器和精子器纵切片，苔藓植物雌性生殖器官已是多细胞结构，合子萌发形成胚，进而发育成孢子体（孢蒴，蒴柄，基足）。

（3）观察地钱标本，其植物体为扁平的叶状体，没有茎叶分化，有雌器托（产生颈卵器）和雄器托（产生精子器），为比较低等的植物种类（苔类）。

2.蕨类植物

陆生,植物有真正的根茎叶的分化,有维管束,孢子体占优势,孢子体和配子体均能独立生活。

(1)观察蜈蚣草的植物体,寻找其孢子囊群,进而再观察蕨叶孢子囊群永久制片。

(2)观察问荆、瓦苇等蕨类标本。

(3)观察蕨的配子体——原叶体的装片(示范),分辨一下颈卵器和精子器。

3.种子植物

陆生,产生种子,有形成层,有花粉管产生,受精作用不需要水,孢子体发达,配子体简化并寄生于孢子体上。

(1)裸子植物:种子裸露(胚珠也是裸露的),有管胞和筛胞的分化(如麻黄属等已有导管的分化)。

观察油松雌雄孢子叶球和雌孢子叶球的纵切片,辨识裸露的胚珠。

观察油松雌球果,取出带翅种子,种子是裸露的。

(2)被子植物:种子和胚珠分别包被在果皮和心皮中,有导管、纤维及筛管和伴胞的分化,双受精现象和3N胚乳出现。

三、常见植物的多样性观察

结合当地植物的特点,进行常见植物的识别。

第二章

动物学实验

实验一　原生动物

实验目的

通过对以草履虫为代表的原生动物的形态结构的观察,了解该类动物的一般特征。认识原生动物门所属各纲的一些常见种类。

实验用品

草履虫培养液,眼虫等原生动物采集液,草履虫无性生殖、接合生殖、锥虫等装片,显微镜,载玻片,盖玻片,吸管,吸水纸,棉花,洋红粉末等。

操作与观察

一、草履虫(*Paramecium sp.*)的观察

草履虫是原生动物门纤毛纲(Ciliata)的常见种类,生活在有机质丰富的淡水池塘、小河沟以及下水道等处。

试验时先制作一张草履虫的临时玻片,制作时可将少许棉纤维放在载玻片上,再滴上一小滴草履虫培养液,盖上盖玻片,置于显微镜低倍物镜下观察。

观察草履虫的形态构造：

(1)外形。草履虫的外形为倒置的鞋底状。前端较圆,后端稍尖。

(2)运动。移动载玻片追踪观察,可见虫体旋转呈螺旋形前进。

(3)表膜与纤毛。转换高倍物镜观察,可见草履虫体表为一层具有弹性的薄膜(即表膜)。表膜既可维持虫体的形状,又允许虫体在穿越某些障碍物(如棉纤维)时适当改变体形。将视野中光线调得稍暗些,可见虫体表面满覆纤毛。纤毛由表膜内伸出体外,有节奏地呈波状快速摆动。由于口沟的存在和该处纤毛摆动有力,使虫体依其中轴向左旋转,沿螺旋形路径前行。

(4)内外质与刺丝泡。表膜内有一圈无颗粒的区域,称为外质。外质中有与表膜垂直排列的折光性较强的椭圆形的结构,为刺丝泡。外质向内是含颗粒的内质。

(5)口沟、胞口与胞咽。在虫体前端起有一斜向后直达虫体中部凹陷的小沟,即为口沟。在虫体转动时很容易观察到口沟。口沟的末端为一椭圆形的小孔,为胞口。胞口向虫体内部延伸的管道,为胞咽。胞咽中具有波动膜(由纤毛相互粘连形成)。口沟内纤毛和胞咽中波动膜的颤动,使水中的食物颗粒输入虫体内。

(6)食物泡。食物泡为内质中大小不一的圆形泡状物。食物泡随细胞质的流动在体内移动,在此过程中被消化吸收,残渣则通过胞肛排出体外(胞肛位于口沟一侧的下端,只有在虫体排遗时才能看到)。

观察食物泡的形成过程及食物泡在内质中的流动情况,可采用下述方法:滴一滴草履虫培养液于载玻片上,用解剖针挑少许洋红粉末,放入滴液中,盖上盖玻片观察,可见洋红粉末在滴液中翻滚,细小粉末经口沟、胞口进入虫体并形成食物泡。

(7)伸缩泡和收集管。在靠近虫体的前端和后端分别有一个大而圆的亮泡,为伸缩泡。当伸缩泡缩小时,可见其周围有 6～7 个放射状长形的透明小管在扩大,此为收集管。注意观察伸缩泡与收集管之间以及前后伸缩泡之间收缩时有何变化规律。

(8)细胞核。草履虫有大小两种核,通常新鲜标本不易看到。换草履虫装片观察,可见大核呈肾形;小核为圆形,极小,位于肾形大核凹陷处,不易见到。

二、其他原生动物

1. 变形虫(*Amoeba sp.*)

变形虫属肉足纲(Sarcodina)。用吸管吸取标本液底部沉积物表面液体,做成临时玻片在低倍物镜下寻找。由于变形虫虫体透明,观察时需将显微镜光线调暗些,虫体在低倍物镜下呈浅蓝色,无固定形状,运动缓慢。找到变形虫后换高倍物镜,并随时移动玻片跟踪观察。

变形虫体表面有一层质膜。细胞质可分为外层较透明无颗粒的外质和里面多颗粒的内质。在内质中分布有大小不一的食物泡以及一个扁盘形的细胞核。伸缩泡较透明,位于内质中。要特别注意变形虫运动方式及伪足的形成情况。

2.眼虫(*Euglena sp.*)

眼虫属鞭毛纲(Mastigophora)。绿眼虫前端钝圆,后端尖,略呈梭形,其表膜具有很多斜纹,身体绿色。将光线尽量调暗,有时可见虫体前端有一根鞭毛,不断摆动。眼虫前端有一凹陷为胞口,向后连一膨大的储蓄泡。在储蓄泡一侧有一红色眼点。细胞核位于虫体中央或稍后端。胞质中充满椭圆状的叶绿体(不同种的眼虫叶绿体的形状不同)。

3.锥虫(*Trypanosoma sp.*)

锥虫属鞭毛纲。观察锥虫示范片。锥虫寄生在脊椎动物血液中,但不侵入血细胞中。虫体微小,在显微镜下观察可见红细胞间的虫体呈柳叶状。虫体中央有一椭圆形的核,体后端有一基体。鞭毛从基体发出,沿着身体前行到达体前端才游离出来,成为一根独立的鞭毛。鞭毛与身体相连的部分是由原生质延伸所形成的波动膜。思考波动膜的功用。

4.间日疟原虫(*Plasmodium vivax*)

间日疟原虫属孢子纲(Sporozoa)。观察示范片。疟原虫寄生于人体红细胞内,可引起疟疾。其形态在生活史的不同时期是不同的,重点观察:环状体,其直径大小相当于红细胞 1/4～1/3,整个虫体形如戒指;大滋养体(变形虫滋养体),虫体呈不规则的变形虫状,此时被寄生的红细胞胀大一些;至裂殖体时虫体已分裂,形成 12～24 个红色卵圆形小个体,称裂殖子。

5.钟虫(*Vorticella sp.*)

钟虫属纤毛纲。虫体似倒置的钟。钟口即是口缘,口缘具三层,纤毛膜平行贴近,共同绕口一周,然后旋入胞咽,其他体部无纤毛。反口面具柄,内有肌丝,能收缩,以柄形式固着在物体上。大核马蹄形,小核一个。生活于有机污染重的水域中。

6.喇叭虫(*Stenter sp.*)

喇叭虫属纤毛纲。为大型纤毛虫,肉眼可见。虫体伸展后形似喇叭,可收缩。体表具成行的纤毛,口围(喇叭口)生有一圈口缘小膜带,顺时针旋至口旁。多数种类大核呈念珠状,小核多个。有伸缩泡一个,位于前部一侧。一般生活在富含有机质的水域中。

7.棘尾虫(*Stylonychia sp.*)

棘尾虫属纤毛纲。虫体长圆形,腹面平,背面隆起。腹面生有棘毛,体后端有三根较大的棘毛,是本属纤毛虫的鉴别特征。具两个大核,两个或多个小核。有伸缩泡一个,在身体左侧中部。

实验二　腔肠动物门、扁形动物门

实验目的

1. 通过对水螅等腔肠动物和华支睾等扁形动物的观察，了解两胚层、三胚层（无体腔）动物的结构特征，同时了解上述门类主要代表动物的形态特点。

2. 通过对蛙早期胚胎发育各时期的观察，了解多细胞动物早期发育的一般过程，从而加深对多细胞动物起源的认识。

实验用品

水螅纵、横切片，活水螅（或水螅整体装片），水螅过精巢、过卵巢横切片，涡虫装片，华支睾吸虫装片，华支睾吸虫横切片，日本血吸虫各期装片，猪带绦虫装片，其他腔肠动物、海绵动物及扁形动物浸制标本，显微镜，体视镜，培养皿等。

操作与观察

一、水螅（*Hydra sp.*）

1. 水螅活体观察

将盛有水螅的培养皿放在实体显微镜台板上观察，注意台板应选用黑色的一面。辨认基盘、垂唇、口及触手，观察触手的分布及数量，是否有芽体及其形状，是否有精巢（锥形）、卵巢（卵圆形）及其着生部位。用解剖针轻轻触动水螅身体的任何一部分，观察它有何反应。用吸管吸取几个水蚤于容器内，仔细观察水螅的摄食过程。

（如无活水螅的材料，换水螅整体装片观察其外形。）

2. 水螅纵切片观察

先在显微镜4倍物镜下观察，区分水螅的口端和基盘的一端。然后换10倍物镜观察，辨认水螅的内、外胚层和中胶层，以及纵贯全身的消化循环腔。再观察触手是否为空心，它与消化循环腔的关系。若有芽体，观察芽体在构造上与母体的关系如何。

3.水螅横切片观察

用低倍物镜在视野中找到水螅横切面(注意:由于水螅横切面较小、色淡,因此光线要调暗些),水螅横切面外为体壁,中央为消化循环腔,将较清楚的一段体壁移至视野中央,换高倍物镜观察。

(1)外胚层:体壁外侧的一层细胞,由多种细胞组成。观察时先仔细辨认出细胞核,再在核周围辨认细胞的界限。外胚层主要由以下几种细胞组成。

外皮肌细胞:为短柱形或方形的细胞,数量最多,核较大,细胞排列紧密整齐。

间细胞:在外皮肌细胞之间,是一些小圆形的未曾分化的细胞,常数个聚集在一起,细胞大小与外皮肌细胞核差不多。想一想:间细胞有何功能?

刺细胞:在外皮肌细胞之间,细胞较大,数量较少,细胞中央具有一个染色较深的圆形或椭圆形的囊,即刺丝囊。

(2)中胶层:为内外胚层之间的一层极薄的非细胞的胶状物质。

(3)内胚层:体壁内侧的一层细胞,细胞较大,向中央伸展,细胞排列不整齐。组成内胚层的细胞主要有以下两种。

内皮肌细胞:或称消化细胞,占内胚层细胞的大多数。细胞内有许多大小不一的食物泡。

腺细胞:细胞狭长,细胞质较浓厚,多颗粒,间杂在内皮肌细胞之间。

(4)消化循环腔:在内胚层内的一个大腔。

4.水螅过精巢、过卵巢横切片观察

在成熟精巢的横切面上,雄性生殖细胞由内向外在进行不同程度的发育。精巢的最里面是精母细胞,稍外是精细胞,最外近乳头处是成熟精子。

成熟的卵巢里面只有一个卵细胞,细胞质内多卵黄颗粒。卵细胞核和极体都不易切到,故很难观察到。

二、涡虫(*Dugesin sp*.)

涡虫生活于溪流中。

1.涡虫活体观察

用软毛笔将活涡虫移入加有少许水的表面皿内,置解剖镜下观察。

涡虫身体柔软,背腹扁平,背面稍隆起颜色较深。虫体前端略呈三角形,两侧各有一耳状突起,在前端的背面有一对明显的黑色眼点。身体腹面密生纤毛,由于纤毛和肌肉的运动,能使涡虫在物体上爬行。

口位于后方约1/3处中央,口内为咽囊,囊内有肌肉质的咽,可自由伸出口外摄食。透过体表,可分辨出涡虫体内的一支向前两支向后的肠管。在培养皿内加一些蛋黄颗粒,仔细观察涡虫摄食情况。

2.涡虫横切片的观察

(1)外胚层:由虫体最外一层排列紧密的柱状细胞(表皮细胞)组成,中间夹有染色较深的杆状体。在腹面的表皮细胞上有很多纤毛。表皮细胞通过一层非细胞结构的薄膜(基膜)与中胚层来源的肌肉紧接。

(2)中胚层:形成肌肉组织和柔软组织(实质组织)。中胚层外为环肌(较厚)、斜肌、纵肌,内为柔软组织,此外还有贯穿背腹的背腹肌。表皮层与肌肉层构成体壁,即皮肤肌肉囊。柔软组织呈网状,填充于体壁与消化道之间。消化、排泄、神经和生殖系统嵌在柔软组织中间。没有体腔。

(3)内胚层:为单层柱状上皮细胞形成肠管。

三、示范

1.日本血吸虫(*Schistosoma japonicum*)

雌雄异体,虫体为圆柱状,雌虫细长,雄虫粗短,雄虫两侧体壁向腹面延伸形成抱雌沟。观察血吸虫毛蚴、尾蚴、雌虫、雄虫和雌雄合抱体装片的结构。

2.猪绦虫(*Taenia solium*)

(1)头节:近球形,有4个大而深的杯状吸盘,头节顶部为短而圆的顶突,其周围有两排角质小沟,约25～50个。头节后为很细的颈节。其后为未成熟的节片。

(2)成熟节片:有雌雄生殖器官和纵横排泄管。

(3)妊娠节片:粗大,长大于宽约两倍以上,子宫分数支,几乎占满整个节片,子宫内充满虫卵。

(4)囊尾蚴:圆或卵圆形,为乳白色的泡状体。观察囊尾蚴的装片和含囊尾蚴的猪肉浸制标本。

3.布氏姜片虫(*Fasciolopsis buski*)

虫体大而肥厚,姜片状,前端稍尖,后端钝,腹吸盘明显大于口吸盘。肠在腹吸盘前分为两支,肠支位于两侧,波浪形弯曲。雌雄同体,精巢1个,位于体后半部,前后排列,分支状。

4.肝片吸虫(*Fasciola hepatica*)

体扁大,肠支有侧支。生殖系统与布氏姜片虫相似。叶片状,前端突起为头锥。

实验三　环节动物

实验目的

1.本实验以环毛蚓为环节动物的代表,研究它的外形结构和内部构造,以便了解环节动物的有机结构和特化程度。

2.观察环毛蚓的浸制或新鲜标本,了解其外形特征,观察其内部构造。

实验用品

1.材料:在房前屋后阴暗潮湿而多腐殖质的土壤中挖取成熟的环毛蚓,以大为宜。清水洗净后,加清水淹没蚯蚓。慢慢加入95%的酒精,使酒精浓度达到10%左右为止,待蚯蚓麻醉后即可供解剖之用。

2.仪器:解剖镜、蜡盘、尖头镊、解剖剪、解剖针、大头针。

操作与观察

一、外形观察

置环毛蚓于蜡盘中,观察其外部形态。

1.外形

圆长,由环节组成,环节之间有节间沟,各节中央有一圈刚毛,身体可分为背、腹面及前、后端。

2.前端

在14~16节有棕红色隆起的环带,这一端即为前端,前端的第一节叫围口节,中间是口,口的背侧有肉质的口前叶。

3.后端

无环带的一端为后端,末端的开口为肛门。

4.背侧

颜色深暗的一面即为背侧,在背中线处,每节之前有一个背孔(仅前端几节缺),背孔的起始节间沟,因种类不同而异。

5.腹侧

颜色浅淡的一面即为腹面,在第6～7、第8～9节间沟的两侧有受精囊孔3对,在第14节腹中线上有1个雌性生殖孔。在第17节腹侧有一对雄性生殖孔。在受精囊孔与雄性生殖孔的附近常有生殖乳突。

6.皮肤的呼吸作用

蚯蚓的皮肤保持湿润,可以减少皮肤跟土粒的摩擦,便于在土壤里钻洞和保护皮肤。皮肤的湿润还有助于蚯蚓的呼吸。如果把蚯蚓放在一张吸水纸上,用吸水纸卷起蚯蚓,或者把蚯蚓放在干燥的沙土上滚动,让它的皮肤略为干燥,蚯蚓就发生痉挛现象。立即滴几滴水在它的身上,痉挛就会消失。这是因为蚯蚓的皮肤干燥了,影响呼吸作用,使蚯蚓窒息而产生痉挛现象。由此可见,蚯蚓有了湿润的皮肤,才能进行正常的呼吸。

7.生殖孔

如果用来观察的是常见的环毛蚓,那么在第6～7、第7～8、第8～9环节之间的腹面节间沟两侧有3对受精囊孔,第14节腹中线上有1个雌性生殖孔,第18节腹侧有1对乳头状突起,叫雄性生殖孔。肉眼能这些看到生殖孔,如果用放大镜观察,则效果更佳。

二、内部解剖结构观察

置蚯蚓于蜡盘上,用解剖剪在其身体背面略偏背中线处,从肛门剪到口。蚯蚓被解剖后,其体腔、消化系统、循环系统、神经系统及生殖系统是非常清楚易见的。

1.隔膜

在体腔中,相当于外面节间沟处的一层膜即隔膜,它将体腔分隔成许多室。

2.消化系统

(1)口腔:位于第1～2节内。

(2)咽:位于第4～5节内。肌肉发达,隔膜也较厚,旁边有咽头腺。

(3)食道:位于第6～8节内。细长形。

(4)嗉囊:位于第9节内,不明显。

(5)砂囊:位于第9～10节内。球状或桶状,肌肉质,较发达。

(6)胃:位于第11～14节内。管状,细长。

(7)肠:自15节向后均为肠,在第27节向前伸出一对盲肠,锥状。

3.循环系统

闭管式循环,由以下几部分组成。

(1)背血管:在肠的背面下中央,是一条由后前行的直的血管,从第 14 节向前至第 4 节,分枝成为环血管。

(2)心脏:是连背、腹血管的一种环血管,共 4 对,分别在第 7、9、12、13 节内。

(3)腹血管:是肠腹面的一条略细的血管,由前向后行,从第 15 节起就有分枝到体壁上,这些都是微血管。

4.生殖系统

去掉消化管以后,便显露出它的生殖系统(图 2-3-1)。

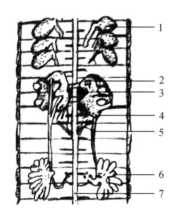

图 2-3-1 环毛蚓的生殖系统

1.受精囊 2.贮精囊 3.精巢囊 4.卵巢 5.卵巢漏斗

6.输精管 6.前列腺 7.腹神经索

蚯蚓雌雄同体,异体受精。雄性生殖器官包括:①精巢囊 2 对,位于 10～11 节体内,各包含 1 对精巢和 1 对漏斗,用解剖针挑破精巢囊置于水中,可见精巢囊上方壁上有小点状物即精巢;下方皱纹状结构即精漏斗,由此向后通出输精管;②贮精囊 2 对,各在 11～12 节内,紧接在精巢囊之后;③输精管呈细丝状,要用放大镜观察,每侧的输精管在 18 环节处,跟前列腺汇合,由雄性生殖孔通出;④前列腺 1 对,发达而分叶呈指状,位于第 16～20 节内。

雌性生殖系统包括:①卵巢 1 对,在第 12～13 节,很小,要用放大镜观察;②输卵管 1 对,较短,在第 13～14 节,管的前端呈漏斗状,后接短的输卵管,在隔膜后,两侧的输卵管会合,由雌性生殖孔通出;③受精囊 3 对,在第 7～9 节,每个囊连一短管,由受精囊孔通出。

5.神经系统

(1)脑:在第 3 节内,咽的背面,由双叶神经节构成。

(2)围咽神经:由脑分向两侧,围绕咽的神经。

(3)咽下神经节:两侧围咽神经在咽下方会合处的神经节。

(4)腹神经索:由咽下神经节发出的从前向后纵贯全身的神经索,索上有神经节,并在第一节内分出三对神经。

6.肠道横切面

将蚯蚓的横切面放在低倍镜下观察,可以看到它的身体好像内外两套管子。外面的大管子是体壁,内面的小管子是肠壁。肠壁上也有纵肌、环肌,但都很薄,壁的表面是脏壁体腔膜。在膜的上面和附近血管上有狭长的黄色细胞。肠的背面凹陷成一纵槽,称为盲道。盲道可以增加消化和吸收的面积。

📖 作业和思考

为了上课时观察和使用的方便,有时需选择一些形态典型的蚯蚓制成标本,以便长期保存。思考如何进行蚯蚓的固定和保存。

实验四　节肢动物

🖥 实验目的

通过螯虾的解剖和观察,了解甲壳纲的主要特征,认识一些常见的甲壳动物。

🌰 实验用品

螯虾、剪刀、镊子、解剖针、解剖盘等。

🔍 操作与观察

一、螯虾(*Cambarus sp.*)的外形

螯虾是生活于淡水中的爬行虾类,体分头胸部和腹部,共 21 体节。雌雄异体。体表被以坚硬的几丁质外骨骼,体色深红,刚蜕皮不久的虾骨骼较软、色泽较淡。取一只浸制处理过的螯虾标本置于解剖盘内,先观察外部形态。

1. 头胸部

头胸部由头部 6 节、胸部 8 节愈合而成。

头胸甲:从背面至两侧覆盖头胸部的几丁质甲板为头胸甲,其腹缘游离。头胸甲的中间有一横沟称颈沟,是头部和胸部的界线。头胸甲前端有一三角形突起,边缘有锯齿,称额剑。颈沟之后,头胸甲两侧部分称鳃盖,鳃盖里面与体壁分离形成鳃腔。

复眼:一对,各具能活动的眼柄,着生在额剑两侧。

排泄孔:一对,位于第二对触角基部腹面。

生殖孔:雄虾生殖孔一对,位于胸部最后一对附肢的基部内侧,两生殖孔开口相对;雌虾生殖孔位于胸部第三对步足基部内侧,两生殖孔开口朝下。

纳精器:又叫受精囊,是雌虾胸部第四、五对步足之间腹甲上的一个圆球形突起,其上有一纵行开口,内为空囊。

2. 腹部

腹部分 7 节,体节分区明显。腹部第一节较小,常被头胸甲后缘覆盖,第 7 节扁平,称尾节,其腹面正中有一纵裂的肛门。

3. 附肢

除第一体节和尾节无附肢外,每节 1 对附肢,共 19 对。除第 1 触角为单叉型外,其余附肢皆为双叉型。每一附肢可分内肢和外肢,但有些附肢的外肢消失,这样又变成次生性的单叉了。先观察附肢的形态和着生部位,然后用剪刀剪去左侧胸部部分鳃盖,以便胸部附肢能完整取下。再用镊子将虾的左侧附肢由后向前依次由基部取下,并按顺序平铺在解剖盘上,仔细观察附肢的形态(图 2-4-1)。

(1)头部附肢:共 5 对。

小触角:一对,在额剑的下方,原肢 3 节,有两根短须状的触鞭。触角基部背面有一凹陷容纳眼柄,凹陷内侧丛毛中有平衡囊。

大触角:一对,在眼柄的下方,原肢 2 节,内肢为一细长的触鞭,外肢呈片状。

大颚:一对,原肢特别坚硬,边缘有齿,形成咀嚼器。内肢呈短须状,外肢退化。

小颚:两对,原肢 2 节呈薄片状,内缘具毛。第一对小颚外肢退化,第二对外肢宽大呈叶片状,称颚舟叶。思考颚舟叶有何功用。

第二、三对颚足的内肢发达,分为 5 节,屈指状,外肢细长。足基部都长有丝状的鳃。一对大颚、两对小颚及三对颚足都参与取食功能。

步足:五对,外肢退化,内肢由 5 节组成,即座节、长节、腕节、掌节和指节,前三节步足末端呈钳状,第一对步足的钳特别强大,称螯足,其余两对步足末端呈爪状。除最后

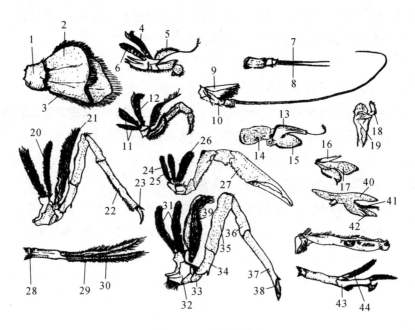

图 2-4-1　鳌虾的附肢

A.尾肢　1.基肢　2.内肢　3.外肢　B.第二对颚足　4.　足鳃　5.外肢　6.关节鳃

C.小触角　7.内肢　8.外肢　D.大触角　9.　外肢 10.内肢　E.第三对颚足　11.关节鳃

12.足鳃　F.第一对颚足　13.外肢　14.肢鳃　15.内肢　G.第一对小颚　16.内肢

17.基肢　H.大颚　18.内肢　19.基肢　I.第四对步足　20.关节鳃　21.足鳃　22.掌节

23.指节　J.第一对步足　24、25.关节鳃　26.足鳃　27.内肢　K.第四对游泳足　28.基肢

29.内肢　30.外肢　L.第二对步足　31.关节鳃　32.底节　33.基节　34.座节　35.长节

36.腕节　37.掌节　38.指节　39.足鳃　M.第二对小颚　40.外肢　41.内肢　42.基肢

N.第一对游泳足(雄)　O.第二对游泳足(雄)　43.外肢　44.内肢

一对步足外,各足基部都长有丝状鳃,注意各鳃的着生部位。

(2)胸部附肢:共 8 对,原肢均 2 节。

颚足:三对,第一颚足的外肢基部大,末端细长,内肢细小。外肢基部有一薄片状肢鳃。

(3)腹部附肢:共 6 对。

腹肢:不发达,原肢 2 节。前两对腹肢,雌雄有别。雄虾第一对腹肢变成坚硬的管状交接器,外肢退化。雄虾第二对腹肢原肢和内肢也较坚硬,原肢有一短小棒状内附肢,内附肢内侧有一指状突起称雄性附肢。雌虾第一腹肢细小,第二、三、四、五对附肢形状相同,内外肢细长而扁平。

尾肢:一对,内外肢特别宽阔,呈片状,外肢比内肢大。尾肢与尾节构成尾扇。思考尾扇在虾的运动中起何作用。

二、内部器官

先用剪刀沿螯虾头胸甲背中线剪至额剑,分离左侧头胸甲,观察鳃的分布与结构。再分离左侧鳃腔内壁,暴露头胸部左侧内部器官(在分离操作时注意不要伤及内部器官)(图2-4-2)。

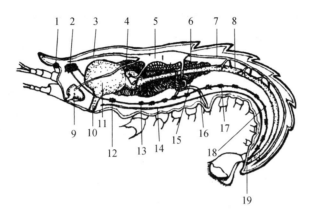

图 2-4-2 虾内脏解剖图

1.眼　2.脑　3.前大动脉　4.幽门胃　5.心脏　6.精巢　7.后大动脉

8.后肠　9.触角腺　10.口　11.贲门胃　12.食道下神经节　12.第1胸神经节

13.神经下动脉　15.肝胰脏　16.输精管　17.第1腹神经节　18.腹神经索　19.肛门

1.呼吸器官

螯虾的呼吸器官主要为鳃。鳃位于鳃腔内,由鳃轴和鳃丝组成。观察着生在第二颚足至第四步足基部的足鳃、附肢与体壁间关节膜上的关节鳃,以及着生在第一颚足基部的片状肢鳃。观察螯虾各鳃的数目如何。

2.循环系统

螯虾的循环系统为开管式。要求观察心脏和动脉血管。

心脏:为一半透明、多角形的肌肉质囊,位于头胸部背方的围心窦中(围心窦壁很薄,分离甲壳时已损坏)。心脏有心孔3对,分别位于心脏的背面、侧面和腹面。

动脉:细且透明。用镊子轻轻提起心脏,可见心脏发出七条动脉血管。其中五条向前。即:由心脏前端发出一条眼动脉,在眼动脉基部两侧发出一对触角动脉,在触角动脉外侧发出一对肝动脉。两条向后,一条为腹上动脉,由心脏后端发出,沿腹部背方后行到末端;另一条在腹上动脉基部,由心脏发出弯向腹面,称为胸直动脉。胸直动脉下行达腹神经索后,再向前后分出两支:向前的一支为胸下动脉,向后的一支为腹下动脉。要求弄清血液循环途径。

3. 生殖系统

生殖腺位于心脏与中肠之间,除去心脏即可看见。

雄性生殖器官:精巢 1 对,乳白色,输精管由精巢两侧通出,分别开口于第五对步足基部内侧的雄性生殖孔。

雌性生殖器官:卵巢 1 对,橘红色或淡黄色,呈颗粒状,其大小随发育时期不同而有很大差别。输卵管较短,由卵巢两侧通出,分别开口于第三对步足基部的雌性生殖孔。另有一纳精器(受精囊),位于第 4、5 步足之间的腹甲上。

4. 消化系统

肝脏:1 对,黄色,位于胃的两侧,有肝管通中肠。除去一侧肝脏,观察消化管。

口:位于头胸部腹面,由口器包围。

食道:口后的一段短管。

胃:连接食道,分贲门胃和幽门胃,贲门胃较大,壁薄呈囊状,下接较小的幽门胃。注意贲门胃内钙质齿及幽门胃内刚毛的着生情况,思考它们各有何功能。在蜕壳前后,贲门胃前部两侧的胃壁外面常有一钙质小体,称为磨石。

中肠:连接胃,很短。

后肠:贯穿整个腹部,开口于尾节腹面的肛门。

5. 排泄系统

1 对触角腺位于头部腹面大触角基部外骨骼的内方,生活时呈绿色,故又称绿腺。每一触角腺包括一绿色的腺体部和一较大的囊状部(膀胱)。用镊子轻拨腺体部,可见腺体部有细管与一极薄的白色囊状物(膀胱)相连。膀胱有管开口于大触角基部腹面的排泄孔。

6. 神经系统

用镊子将体内器官和肌肉束全部除去(注意保留食道),依次观察。

脑:在两眼之间、食道背面的白色块状物。

围食道神经:由脑分出的一对白色神经,环食道下行至腹面。

食道下神经节:位于食道腹面,前接围食道神经,后接腹神经索。

腹神经索:一条,沿体之腹中线向后行。观察腹神经索上的胸部神经节和腹部神经节的数目及构造特征。

三、示范

1. 水蚤(*Daphnia sp.*)

水蚤属鳃足亚纲双甲目。体侧扁,除头部外,都包在体两侧的两片甲壳内。两甲壳在背部愈合,尾缘延长成一壳刺。头部有一个较大的复眼和一个极小的单眼。触角 2

对,第 1 对甚小,位于吻端;第 2 对位于头部两侧,特别发达,双枝型,具羽状刚毛,为主要运动器官。

2．剑水蚤(*Cyclops sp.*)

剑水蚤属桡足亚纲剑水蚤目。体较小,分头胸部和腹部。头胸部前端背中央有一单眼,第一触角较第二触角长大,均为单枝型,胸肢 4～5 对。腹部无附肢,雌体腹部两侧常挂有 1 对卵囊。末端有一分枝的尾叉,其上有刚毛。

3．藤壶(*Tetraclita sp.*)

藤壶属蔓足亚纲围胸目。海产。成体营固着生活。体外被石灰质骨板,壳口上盖有左右两对活动骨板。虫体在壳内腹面向上,头部不明显,腹部退化;胸肢 6 对,双枝型,顶端弯曲似瓜蔓,常从活动壳板间向外伸出,故称蔓足类。

实验五　昆虫标本的制作

实验目的

通过采集并制作昆虫标本,了解昆虫纲的主要特征,掌握昆虫制作方法。

实验用品

捕虫网、毒瓶、三角纸包等采集工具,昆虫针,展翅板,标本盒等。

操作与观察

一、昆虫采集

1．采集工具

昆虫采集工具包括捕虫网、毒瓶、三角纸包等。

(1)捕虫网:捕虫网种类较多,按其功用分捕网、扫网及水网。

捕网通常用蚊帐或白尼龙纱制成网圈,用粗铁丝制成环形,直径约 30cm 左右,底袋呈圆锥形。网柄长约 1m 左右。扫网主要适用于在草丛中捕捉昆虫。可用麻布或亚麻布制成,比捕网略小一些。网柄要短而粗,网要坚固。此外,扫网时是网底开,用时扎紧。水网和捕网大致相同,一般用细布制成,且网比较浅,而网柄较长。

(2)毒瓶:采集时,一般应带两个毒瓶,一个瓶毒杀蝴蝶及蛾类昆虫,另一瓶毒杀其他类的昆虫。毒瓶可用直筒形瓶制成,也可用广口瓶或平底试管等制成。毒杀剂可采用氰化钠或氰化钾等,也可用敌敌畏、氨水、乙醚等。毒杀剂放置毒瓶或毒管中,上面用硬纸片或泡沫塑料固定。

(3)三角纸包:外出采集,采到昆虫不能立即做成标本,可先用三角纸包包好,编号记录后,带回驻地制作。三角纸包的大小可由昆虫的大小决定。取较柔软难透水的纸一张折成三角袋。

2.昆虫的采集方法

采集活动迟缓的昆虫、虽然会飞但是常常停息的昆虫(如某些甲虫),不需要用捕虫网去捕,可以用镊子去捉,捉住以后,放进毒瓶。

采集飞翔的昆虫要用捕虫网。捕捉这类昆虫的时候,把网口迎向飞来的昆虫,猛然一兜,立刻再把网身翻折上来,遮住网口,以免昆虫从网口飞出。然后打开毒瓶盖,把毒瓶伸进网里,对准捕获的昆虫,让昆虫落进瓶里,盖好瓶盖,再把毒瓶从网里拿出来。

采集夜间出来活动的昆虫要用诱虫灯。晚上把诱虫灯放在田间或者野外,就可以采集到蛾类以及其他喜光的昆虫。

每采集到一种昆虫,都要用肉眼或者放大镜进行初步观察,并且要做记录,把采集地点、采集日期、采集人姓名、昆虫的生活习性(如栖息的环境、危害的农作物、危害的状况),尽可能详细地写在记录本上。

毒瓶里放的毒物对人体也有剧毒,因此,使用毒瓶时要特别小心。千万不要把手伸进毒瓶里,不要把食物跟毒瓶放在一起。手拿过毒瓶以后,一定要先把手洗干净,然后再吃东西。

二、昆虫采后的处理与保存

主要分为取虫、毒杀、包装、储存四个步骤。

1.取虫

当虫子入网或掉入陷阱后,大型的虫子可用手直接取出,小型的虫子可以用吸虫管或吸虫瓶取出。吸虫管可以自制,常见的吸虫管是一种两端都有开口的玻璃管或塑胶管;而在开口上,则各具一插有细玻璃管的橡皮塞或软木塞,并在其中的一端套上橡皮管,以便以口吸取小虫,但用于口吸的一端玻管内侧管口要敷以纱布,以免虫子被吸入口中。蝴蝶、蛾、蜻蜓及其他大型翅易破损的昆虫,取出时要用拇指和中指或食指先捏住虫子胸部,使翅摺在背后。对于一些具有危险性或攻击性的昆虫可用大型镊子或戴上较厚橡皮手套取出。

2.毒杀

捕获昆虫,如欲将其制成标本,则必先予以毒毙,以免因虫子的挣扎而断脚断翅;而毒杀虫子最常应用的方法,就是利用毒瓶、毒管或一些挥发性毒剂将虫子毒杀。

(1)毒瓶:毒杀所用的瓶子,可利用咖啡或酱菜的空玻璃罐;只要大小适当,密封性良好均适用。毒瓶内所用的药物可分为潮解式和挥发性两种。潮解式的药物如氰化钾(KCN)或氰化钠(NaCN)等具毒药剂,制法为先在罐底平铺一层约 0.2～0.5cm 的细木屑,用小木条将其压实;然后在其上铺上一层约 0.2cm 的药剂并予以压实;最后上方再铺上一层约 0.5cm 的细木屑,也予以压紧。此时,再于其上方铺上一层薄薄的石膏粉,并喷少许水于石膏粉上,使其固化,固化后最好在石膏面上放一张滤纸,以防止因虫挣扎而破坏石膏面。挥发性毒剂的毒瓶制法较简单,只要将沾上药剂的棉花放于罐底即可,或用橡皮筋吸饱药剂置于瓶底,上面再铺上一层石膏即可。药品可选用乙醚乙酯(Ethyl acetate)、乙酸乙醚(Acetate ether)、乙醚、氯仿(CCl$_4$)、苯等。

(2)毒管:此种管子远较毒瓶小,直径约 3～10cm。

(3)毒袋:用一个中型的塑料袋,内置一些挥发性的毒剂即可。抓到的虫子只要投入瓶中即可,非常简便。如果捕虫网捕到蜂类或其他具攻击性的昆虫或者网内有很多小型昆虫时可直接将捕虫网置于毒瓶中,待其被毒毙后,即可取出。

(4)注射法:将酒精或热水用针筒注入虫体,可迅速杀死大型昆虫,尤其采集蛾类时非常适用。

3.包装

毒毙后的昆虫要小心地包装,以免标本破损。包装材料常用的有三角纸、糖果纸、小型的塑胶封口袋、塑胶瓶等。

(1)三角纸:三角纸的功用,在于捕获蝶、蛾、蜻蜓等类昆虫后为防止虫体的鳞粉脱落或翅损坏。所必备的纸袋,纸质以光面的蜡纸或玻璃纸为佳;将纸裁成长方形,然后对折成三角形,再折成三角状,一张全开的纸可制作约 32 张大型三角纸,中型约 64 张,小型 128 张。同时准备大、中、小不同的三角纸,则使用起来就非常方便。

(2)糖果纸包法:对于一些虫体厚实的昆虫如甲虫、椿象类可用包糖果用的玻璃纸将虫子像包糖果般包起来,则可避免虫体损坏。但采集结束后,应立刻取出干燥,以免标本发霉损坏。

(3)塑胶封口袋:小型塑胶封口袋装标本非常方便,但标本要尽快处理。

(4)塑胶瓶:采到一些微小的昆虫,最好毒杀完后立刻放入塑胶瓶内,以 70% 酒精暂时保存,瓶外一定要贴上标签以免弄混。

4.储存

在野外采集时要特别注意已包装的标本,以免因挤压、碰撞使标本毁坏,以致前功尽弃。三角纸可装在三角箱内,和其他用糖果纸或塑胶袋包装的标本装在饼干盒也可以。总之,必须用一个坚固的箱子存放,才不至于挤坏标本。如果不立刻做成标本,也要将虫子干燥以免发霉。

三、选择昆虫针

依昆虫标本大小不同,选定适合的昆虫针。例如金龟子等可用 5 号虫针,中型蝴蝶用 3 号针,而小型蚊子则用 0 号针即可。

四、插针

插针位置一般以昆虫中胸右侧为准。而椿象则插在小楯片右侧。针插入的深度一般以标本上方约还留有整只虫针的 1/3 长度为准。但有时必须视虫体厚度来调整。

五、展翅

有些昆虫要展翅,例如蝴蝶、蜻蜓等。展翅时,先将插好针的标本小心插入展翅板中,使虫体陷入凹槽内,而翅膀和展翅板呈水平位置。随后以镊子将翅展开,使前翅的后缘和身体垂直。将翅调整至理想位置后,一手以压条纸压住翅膀,一手拿大头针插在压条纸四周,但不能插到翅膀,使压条纸与展翅板紧密接合,以固定翅膀。展翅后,另外调整一下触角、脚及腹部位置,即大功告成。

六、整姿

有些昆虫不需要展翅,例如蚂蚁、金龟子等。但在标本采集后,虫体会卷曲,死相很难看,为使将来容易观察,以及维持标本美观,必须要整姿。整姿时,前足及触角向前,中后足向后,将身体各附属器官伸展开来。用镊子将欲固定的部位放到适当位置后,以大头针协助将肢体固定在整姿板上,再烘干即可。

七、烘干

当标本完成上述动作后,已经大致就绪,剩下的工作就是标本烘干。一般在 50℃ 的定温箱中烘干一星期左右即可。如果没有定温箱,也可以用日晒法或用烘衣机代替。千万不可以用微波炉、烤箱或瓦斯炉。

八、保存

标本烘干后,即可放入标本盒中保存。理想的标本盒,其四周应该留有空隙,以便放置樟脑丸。平常也可以用铁制的饼干盒替代,在盒内铺一层保利龙板,将标本插在盒中保存。标本盒需放置于通风、干燥处保存。一个保存良好的标本馆,一般标本可以维持上百年而不致损坏。每一个标本代表着一个生命,应妥为爱惜,并善加利用。譬如仔细观察它的形态,并尝试进行分类或其他科学研究。

实验六　人工琥珀标本的制作

实验目的

通过学习制作人工琥珀昆虫标本,了解制作昆虫观赏标本的一种方法。

实验原理

昆虫标本的制作方法一般包括:针插干制标本法,蝶蛾类昆虫插针展翅法,幼虫标本浸制法,生态标本制作法,成虫剖腹干制法,微小型昆虫制作法,昆虫标本还软法等。

琥珀是由古代植物分泌物所形成的一种遗物化石,而琥珀中的昆虫则是一种身体未变的遗体化石。数万年前,松树的松脂流到地面时凝聚成块,树脂逐渐失去挥发成分并聚合、固化形成黄色或其他颜色的透明状或半透明的琥珀。如果松脂正好滴在蚂蚁、蜘蛛等小动物身上或这些小动物被松脂粘住,形成的琥珀内部就包有这些小动物。

人工琥珀标本是一种具有欣赏价值的观赏标本。人工琥珀标本的制作是利用透明或半透明的树脂或高分子材料,通过聚合把固定好的动植物标本包埋在树脂当中。

实验用品

1. 材料:果蝇(*Drosophila melanogaster*)固定标本。
2. 试剂:松香,乙醇,甲基丙烯酸甲酯。

3.器材:烧杯,量筒,锥形瓶,玻璃棒,电炉,镊子,解剖针,天平,水浴锅,铁架台,铁夹,药匙,温度计,干燥器,玻璃模具,光面硬纸盒,塑料模具。

实验内容及方法

一、以松香为材料

1.融化松香

将松香(大约100g松香包埋一块标本)放在烧杯内,加入约占松香质量10%的乙醇,在酒精灯的石棉网上加热(若温度太高,松香颜色会加深),用玻璃棒不断搅拌直到松香熔化,并使乙醇基本上蒸发掉。

2.制模

用硬纸折好各种形状的小纸盒,作为包埋用的模具,并在纸盒内衬一层蜡纸。

3.包埋

选择肢体完整、色泽鲜艳的果蝇固定标本,经过整姿及清洁工作后放入小纸盒内,再把熔化的松香慢慢倒入盒内。

4.整形

当松香凝结变硬以后,撕去纸盒,用解剖刀小心地削去标本四周的多余部分,这时只有琥珀标本的上面透明,可以看清楚里面的昆虫,而其余的五面是不透明的。

5.洗涤

用手指蘸少许乙醇,在标本不透明的地方反复摩擦,直到看上去透明为止,然后晾干。洗涤一般要在3~4min内完成,否则松香会融化。

6.保存

人工琥珀昆虫标本不怕虫蛀、不生霉,但松香质地较脆,需仔细保存。

二、以有机玻璃为材料

1.树脂

有机玻璃原材料为甲基丙烯酸甲酯。未经聚合的甲基丙烯酸甲酯单体为无色透明液体;经过预聚合的甲基丙烯酸甲酯为无色透明的黏稠液体,在高温下逐渐聚合硬化,只有在5℃的低温下才能保持液体的状态。甲基丙烯酸甲酯在偶氮二异丁氰引发剂的作用下于86~92℃预聚合1~1.5h,即可达到约20%的聚合率。

2.包埋标本

将事先采集并整形的新鲜昆虫标本浸入甲基丙烯酸甲酯单体中1h以上,使虫体完全浸透。选取有一定硬度且不与甲基丙烯酸甲酯发生反应的塑料模具,模面要光滑齐整。模具大小视标本大小而定,略大于标本即可。浇底板前要将模具擦拭干净。浇铸时,将经过预聚合的甲基丙烯酸甲酯沿玻璃棒倒入模具内,厚度以不超过虫体厚度的一半(0.5cm)为宜。将昆虫标本从甲基丙烯酸甲酯单体中取出,并平整地放入密封的干燥器中。经过1~2d后,用解剖针试探甲基丙烯酸甲酯聚合程度,如果已聚合成半固体但尚未完全硬化,再注入0.5cm的预聚合的甲基丙烯酸甲酯,放在干燥器中聚合。重复上述过程,直至标本全部被包埋为止。但如果是鳞翅目的标本,则必须一次包埋完毕。

3.整理标本

待标本硬化后,从模具内取出琥珀标本。然后对不平整的边缘等地方稍作修饰整理,如再用抛光机打磨抛光,效果更佳。将制成的琥珀放在特制的标本盒内保存。用此法制得的琥珀标本,晶莹透亮,栩栩如生。

实验七　脊椎动物—鱼纲

实验目的

通过鲫鱼的解剖和观察,了解鲫鱼的外部形态和内部结构,掌握鱼类的主要特征。

实验用品

剪刀、解剖刀、解剖镊、解剖针、解剖盘、活鲫鱼、鱼骨骼标本。

实验内容及方法

一、鲫鱼(*Carassius auyatus*)外部形态

鲫鱼呈纺锤形,左右侧扁,体表黏滑,被覆瓦状排列的圆鳞。身体分为头、躯干和尾三部分。

1．头部

自吻端至鳃盖后缘为头部。其两侧有眼，无眼睑和瞬膜。眼的前方有外鼻孔一对（被瓣膜隔成四孔），用镊子探鼻孔，看是否与口腔相通。口位于头部前端（口端位），有上下颌。头的两侧为鳃盖，有鳃盖骨支持。其后端游离缘有鳃盖膜覆盖鳃孔。

2．躯干部和尾部

由鳃盖后缘至泄殖孔为躯干部。泄殖孔至尾鳍基部（最后一枚椎骨）为尾部。躯干部背方有不成对的背鳍，腹面有成对的胸鳍和腹鳍；尾部有不成对的臀鳍和一正形尾鳍。泄殖孔前有肛门。

侧线：在躯体两侧，自鳃盖后缘至尾部，各有一条由鳞片上的小孔排列成的点线结构，此即侧线。具有小孔的鳞片为侧线鳞。思考侧线有何功能。

二、内部解剖

取鲫鱼一条，用剪刀从肛门前端由体左侧向背方剪至侧线附近，转向前延脊柱下方剪至鳃盖后缘，然后向前向下剪去部分鳃盖，小心翻开左侧体壁，进行内部观察（图 2-7-1）。

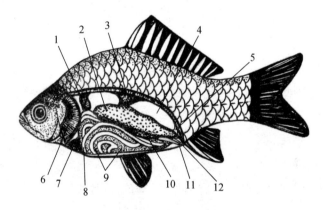

图 2-7-1　鲫鱼的内脏

1．头肾　2．卵巢　3．肾脏　4．鳔　5．膀胱　6．鳃　7．心脏

8．肠　9．肝胰脏　10．脾　11．肛门　12．泄殖腔

1．原位观察

最后一对鳃弓后腹方的一小腔为围心腔，它借横隔与腹腔分开。心脏位于围心腔内。在腹腔里，背面是白色囊状的鳔，覆盖在前后鳔室之间的三角形暗红色组织，为肾脏的一部分。鳔的腹方是长形的生殖腺，雄性为乳白色的精巢，雌性为黄色的卵巢。腹腔腹面盘曲的管道为肠管，在肠管之间的肠系膜上，有暗红色、散漫状分布的肝胰脏。

在肠管和肝胰脏之间一细长的红褐色器官为脾脏。

2.循环系统

主要观察心脏。

心脏:位于两胸鳍之间的围心腔内,撕去围心腔膜,即可露出心脏。心脏由背方一暗红色的心房,和腹方一淡红色、肌肉较厚的心室,以及位于心房后侧的一暗红色长囊状的静脉窦组成。

动脉球:位于心室前方,呈白色圆锥形,为腹大动脉基部膨大而成。动脉球向前为一条较粗大的腹大动脉血管。

3.呼吸系统

鲫鱼的呼吸器官为鳃,位于鳃腔中。鳃由鳃弓、鳃片、鳃耙组成。

鳃腔:头部两侧鳃盖内侧的空腔为鳃腔。

鳃弓:位于咽的两侧,共五对。其内缘凹面生有鳃耙;第1～4对鳃弓外缘各长有2个鳃片,第5对鳃弓无鳃片。

鳃片:由鳃丝组成的片状物,着生在鳃弓的外侧。鳃丝的两侧又有许多鳃小片。每个鳃弓有1个鳃片者称半鳃,每个鳃弓有2个鳃片者称全鳃。

鳃耙:鳃弓内侧凹面的两行三角形的突起,左右互生。第5鳃弓只有1行鳃耙。

鳃裂:为咽头内壁、各鳃弓之间的开口。

4.生殖系统

由生殖腺和生殖导管组成。雌雄异体。

生殖腺:生殖腺外包有极薄的膜。雄性有精巢一对,性成熟时呈白色带状(未成熟时常呈淡红色)。雌性有卵巢一对,性成熟时呈深黄色长袋形(未成熟时常呈淡黄色)。

生殖导管:为生殖腺表面的膜向后延伸的细管,即输精管或输卵管。很短,左右两管后端汇合后,通入泄殖腔,以泄殖孔开口于体外。

5.排泄系统

由肾脏、输尿管、膀胱等组成。

肾脏:一对,红褐色,紧贴脊柱下方,位于鳔的背方,由前后两部组成。前部为头肾,为拟淋巴腺,后部为肾的本体,内侧各自通出一条输尿管。

膀胱:两输尿管汇合为一管称膀胱。开口于泄殖窦。

6.消化系统

消化系统包括消化道(口咽腔、食道、肠)和消化腺(肝胰脏、胆囊)。

口咽腔:由口裂到咽部。有上下颌,无颌齿;口腔底部有不活动的舌;后方背面有一对咽头肌肉;两侧有鳃裂,鳃弓内侧有鳃耙(滤食作用),第五对鳃弓上有咽喉齿(咀嚼作用)。

食道:咽的后方,很短,其背面通有鳔管,可以此作为食道的标志。

肠:接于食道后,曲折盘绕,大小肠分界不明显,最后一段为直肠,通至肛门。

肝胰脏:混合不分,呈暗红色,附着在肠管周围。

胆囊:近球形,埋藏在肝胰脏的左侧,有胆管开口于肠前部。

7.鳔

在消化管背方,呈银白色的囊状物,它分为前后两室,两室连接处特别凹陷,从后室前端伸出一细长的鳔管通入食道,故有鳔咽管之称。鳔的主要功能在于调节鱼体自身的比重。

8.神经系统

主要观察脑。将头部背面的骨骼逐步仔细去掉,并除去银色发亮的脑脊液,即可显示出脑的背面观,自前向后依次观察(可对照脑的浸制标本观察)。

端脑:由嗅脑和大脑组成。大脑分左右两半球,各呈小球状位于脑的前端,其顶端各伸出一条棒状的嗅柄,嗅柄末端为椭圆形的嗅球,嗅柄和嗅球构成嗅脑。

间脑:连接大脑后,为中脑所遮盖,从背面看不到间脑本体,仅在大脑与中脑之间的中央可见到从间脑背面发出的脑上腺(松果体)。间脑腹面有脑下垂体。

中脑:位于大脑后,是脑最发达的部位,左、右两叶,中脑又称视叶。

小脑:位于中脑后,略呈圆形。

延脑:位于小脑后,由一个面叶和一对迷走叶组成。面叶居中,其前部被小脑遮盖,只能见到其后部。迷走叶较大,左右成对,在小脑的两侧。延脑后部变窄,连脊髓。

9.骨骼系统(图 2-7-2)

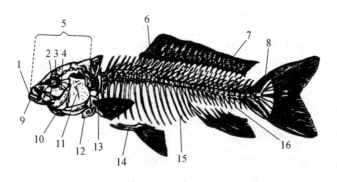

图 2-7-2 鲫鱼的骨骼系统

1.上颌骨 2.眼窝 3.眶上骨 4.眶下骨 5.头骨 6.背鳍棘 7.背鳍条

8.尾下骨 9.下颌骨 10.腮皮辐射骨 11.鳃盖骨 12.乌喙骨

13.第 2 腹肋骨 14.基翼骨 15.腹肋骨 16.脉棘

(1)头骨:鱼类头骨骨片数目多,可分为脑颅、咽颅两大部分来观察。

①脑颅:由前向后可分成几个区来观察。

鼻区:位于最前端,环绕鼻囊的区域。主要有中筛骨 1 块、前筛骨 1 块、侧筛骨 1 对。

蝶区:紧接鼻区之后,环绕眼眶四周。主要有组成眼眶内侧壁的翼蝶骨和眶蝶骨,以及脑颅侧面围绕眼眶四周的 6 块围眶骨。

耳区:前接蝶区,围绕耳囊四周。主要骨片有蝶耳骨 1 对、翼耳骨 1 对、上耳骨 1 对。

枕区:脑颅的最后部分,由围绕枕骨大孔的 4 块骨片组成。即位于头骨后端中央的 1 块上枕骨,枕骨大孔两侧的 1 对外枕骨,以及脑颅腹面后端正中的 1 块基枕骨。

顶区:脑颅的背面观。自前向后依次有鼻骨 1 对、额骨 1 对、顶骨 1 对。

腹区:脑颅的腹面观。由前向后有犁骨 1 块、副蝶骨 1 块。

②咽颅:位于脑颅的下方,环绕消化道的最前端,由颌弓、舌弓、鳃弓以及鳃盖骨等组成。

颌弓:为构成上下颌的骨片。上颌部分有 1 对前颌骨、1 对上颌骨以及翼骨和方骨等。下颌部分有齿骨、关节骨和隅骨。

舌弓:位于颌弓后边,由舌颌骨和续骨等组成,借腹中央的基舌骨支持舌。

鳃弓:为支持鳃的骨片,共 5 对鳃弓。第 1 鳃弓从背到腹依次分为咽鳃、上鳃、角鳃、下鳃和基鳃 5 个骨段。第 5 鳃弓特化为咽骨,其内缘有咽喉齿。

鳃盖骨系:位于头骨后部两侧,每侧由 4 块鳃盖骨和 3 枚鳃条骨组成。

(2)脊柱:脊柱接于头骨后,分为躯椎和尾椎两部分。

①躯椎:由下列几部分组成。

椎体:椎骨中央部分,其前后面凹入,为双凹型椎体,椎体间保留残余的脊索。

椎弓:椎体背面呈弓形的部分。

椎棘:椎弓背中央向后斜的突起。

椎体横突:椎体两侧的突起。

关节突:椎弓基部前方和椎体后方各有 1 对突起,称前后关节突。相邻两椎体的前后关节突相关节。

椎孔:为椎体与椎弓间的孔,有脊髓穿过。

②肋骨:从第 5～20 躯椎有长条形的肋骨,每一肋骨背端与该躯椎横突相关节,腹端游离。

③尾椎:尾椎椎体、椎弓和椎棘与躯椎相似,但尾椎的横突向腹面延伸成脉弓。脉弓的腹面突起称脉棘。

(3)附肢骨骼:包括带骨和支鳍骨(鳍担骨)。

肩带由锁骨、上锁骨、后锁骨、乌喙骨、中乌喙骨和肩胛骨组成,通过上锁骨与头骨相连,并通过 4 块鳍担骨和胸鳍条相连。

腰带仅为 1 对基翼骨(无名骨)组成,腹鳍条直接与基翼骨相连接。

实验八　脊椎动物—两栖纲

实验目的

熟悉蟾蜍(或蛙)的外形和内部构造,从而了解两栖动物的一般特征。

实验用品

活的蟾蜍或蛙、蜡盘、剪刀、镊子、解剖针、脱脂棉花、250mL 烧杯。

实验内容及方法

一、外形观察

头部扁平,略呈三角形,口宽阔,由上下颌组成,吻端稍尖。上颌背侧前端有一对外鼻孔。眼大而突出,生于头的左右两侧,两眼后方各有一圆形鼓膜(蟾蜍的鼓膜较小。在眼和鼓膜的后上方有一对椭圆形突起,即毒腺),雄蛙口角后方各有一浅褐色膜襞,为声囊,鸣叫时鼓成泡状(蟾蜍无此结构)。

鼓膜之后为躯干部。蛙的躯干部短而宽,其后端两腿之间偏背侧有一小孔,为泄殖孔。

蛙前肢短小,4 指,无蹼;后肢长大,5 趾,趾间有蹼(蟾蜍四肢短钝,后肢比青蛙的短,趾间蹼不发达)。

二、处死

可用乙醚将其麻醉致死,或可用手握住蟾蜍(蛙)腿,将其头部背面在硬物上猛击致死;或用解剖针(缝衣针)从枕骨大孔插入破坏延脑致死。

三、解剖

1.将已处死的蛙(或蟾蜍)腹面向上置蜡盘中,展开四肢,用大头针固定四肢。

2.剪开腹面皮肤,左手持镊,夹起两后肢基部之间、泄殖腔孔稍前方的腹面皮肤,右手持剪剪开一切口,由此处沿腹中线向前直达下颌剪开皮肤,并在前肢水平处向两侧横剪皮肤。用镊子将所剪开的皮肤拉向身体两侧。

3.剪开腹壁。左手持镊,将两后肢基部之间的腹直肌后端提起,右手持剪,沿腹中线稍偏左由后向前剪开腹壁,直达胸骨。剪时剪刀尖略向上挑(以不伤及内脏)。再沿胸骨两侧斜剪,用镊子轻轻提起胸骨,仔细剥离胸骨和围心膜间的结缔组织(注意勿损伤围心膜),然后剪去胸骨和胸部肌肉。再将腹壁向两侧翻开,用大头针固定在蜡盘上。

四、观察

1.口咽腔

口咽腔为消化系统和呼吸系统的共同器官。用剪刀剪开左右口角至鼓膜下方令口咽全露出,再行观察。

(1)舌:用镊子将蛙的下颌拉下,可见口腔底部中央有一柔软的肌肉质舌,其基部着生在下颌前端内侧,舌尖向后伸向咽部。用镊子将舌从口腔向外翻拉出并展平,可见舌尖分叉(蟾蜍舌尖钝圆,不分叉),蛙捕食时,舌即向外翻出。

(2)内鼻孔:位于口腔顶壁近吻端处的一对椭圆形孔。将探针由外鼻孔插入,可见针由内鼻孔穿出。

(3)耳咽管孔:位于口腔顶壁两侧、口角附近的一对大孔,为耳咽管开口。用镊子由此孔探入,可通到鼓膜。

(4)喉门:在舌尖后方,咽的腹面由一对半圆形软骨围成的纵裂即喉门,为喉气管室在咽部的开口。

(5)食道口:喉门的背侧,咽的最后部位为皱襞状开口,即食道口。

2.消化系统

由消化管和消化腺组成,消化管包括口腔、咽、食道、胃、小肠、大肠、肝脏、胆囊、胰脏、系膜、脾,大型管外消化腺有肝脏和胰脏。

(1)肝脏:红褐色,位于体腔前端,心脏后方,由较大的左右两叶和较小的中叶组成。在中叶背面,左右两叶之间有一绿色圆形小体,即胆囊。

(2)食道:将心脏和左叶肝脏推向右侧,用钝头镊子自咽部的食道口探入,所见心脏背方一乳白色短管即食道,它与胃相连。

(3)胃:位于体腔偏左侧,为食道后端所连的形稍弯曲的膨大囊状体,部分被肝脏覆盖。胃与食道相连处称贲门,与小肠交接处称幽门。

(4)肠:可分小肠和大肠两部。小肠自幽门后开始,向右前方伸出的一段为十二指肠,十二指肠之后盘曲在体腔右后部的为回肠。回肠后接膨大而陡直的大肠(又称直肠),直肠向后通泄殖腔,以泄殖腔孔开口于体外。

(5)胰脏:为一条长形不规则淡红色或黄白色腺体,位于胃和十二指肠间的弯曲处。

(6)脾脏:是一淋巴器官,与消化无关。为直肠前端肠系膜上的一红褐色球状物。

3.呼吸系统

成蛙为肺皮呼吸。肺呼吸器官有口腔、鼻腔、喉气管室、肺、皮肤。其中鼻腔和口腔已于口咽腔处观察过。

(1)喉气管室:左手持镊将心脏略后移,右手用钝头镊子自咽部喉门处探入,可见心脏背方一短粗略透明的管子,即喉气管腔,其后端通入肺。

(2)肺:为位于心脏两侧的一对粉红色、近椭圆形薄壁囊状物。

4.泄殖系统

将食道到直肠以上剪断消化道,移去消化器官,以便观察。蛙(或蟾蜍)为雌雄异体,可互换不同性别的标本进行观察。

(1)排泄器官:包括一对肾脏、一对输尿管、一个膀胱和泄殖腔等。

①肾脏:一对红褐色扁平分叶状器官,位于体腔后部,紧贴背壁脊柱两侧。将其表面的腹腔膜剥离开,即清楚可见。

②输尿管:为两肾外缘近后端发出的一对薄壁细管,它们向后伸延,分别通入泄殖腔背壁(蟾蜍的左右输尿管末端合并成一总管后通入泄殖腔背壁)。

③膀胱:位于体腔后端腹面中央,连附于泄殖腔壁的一个两叶薄壁囊。当膀胱空虚时,用镊子将它放平展开,可看到其形状。

④泄殖腔:是直肠末端略膨大处,为粪、尿和生殖细胞共同排出的通道,以单一的泄殖腔孔开口于体外。

(2)雌性生殖器官:卵巢、输卵管、脂肪体、毕达氏器(图 2-8-1)。

①卵巢 1 对,在肾脏前端腹面。在生殖季节极度膨大,内有大量黑色卵,未成熟时呈淡黄色。

②输卵管为一对长而迂曲的管子,乳白色,位于输尿管外侧,前端以喇叭状开口于体腔;后端膨大成囊状"子宫",开口于泄殖腔背壁(蟾蜍的左右"子宫"合并后,通入泄殖腔)。

③脂肪体一对,与雄性相似(雌蟾蜍的卵巢和脂肪体之间有橙色球形的毕达氏器,为退化的精巢)。

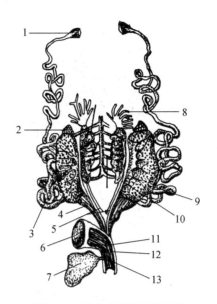

图 2-8-1　蟾蜍的雌性生殖系统

1.喇叭口　　2.毕达氏器　　3.输卵管　　4.子宫　　5.输尿管　　6.直肠

7.膀胱　　8.脂肪体　　9.卵巢　　10.肾脏　　11.输卵管开口

12.输尿管开口　　13.泄殖腔　　14.肾上腺　　15.泄殖静脉

(3)雄性生殖器官:精巢、输精细管、输精尿管、脂肪体、毕达氏器、米氏管(图 2-8-2)。

①精巢:一对,位于肾脏腹面内侧,近白色,卵圆形(蟾蜍的精巢常为长形)。

②输精小管和输精管:用镊子轻轻提起精巢,可见由精巢内侧发出许多细管即输精小管,它们通入肾脏前端,所以雄蛙(或蟾蜍)的输尿管兼输精。

③脂肪体:位于精巢前端的黄色指状体。

5.心脏及其周围血管

心脏位于体腔前端胸骨背面,被包在围心腔内,其后是红褐色的肝脏。用镊子提起半透明的围心膜并用剪刀剪开,心脏便暴露出来。

(1)心房:为心脏前部的 2 个薄壁有皱襞的囊状体,左右各一,分别称为左心房和右心房。

(2)心室:一个,连于心房之后的厚壁部分,圆锥形,心室尖向后。

(3)动脉圆锥:为心室腹面右上方发出的一条色淡、较粗的血管,其前端分支,将血液输送到全身各处。

(4)静脉窦:用镊子轻轻提起心尖,将心脏翻向前方,可见心脏背面有一暗红色、三角形的薄壁囊,即静脉窦。静脉窦收集缺氧血送回右心房。

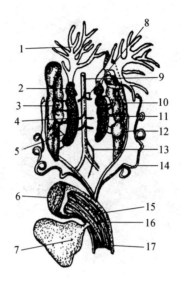

图 2-8-2　蟾蜍的雄性生殖系统

1.脂肪体　2.毕达氏器　3.肾脏　4.精巢　5.输精细管　6.输精尿管

7.膀胱　8.膀胱动脉　9.泄殖动脉　10.背大动脉　11.肾大腺

12.米氏管　13.米氏管开口　14.输精尿管开口　15.泄殖腔

实验九　脊椎动物—哺乳纲

实验目的

1.学习哺乳类动物的一般解剖方法,初步了解哺乳动物各器官系统的局部与整体的关系。

2.通过对小白鼠外部形态和内部结构的观察,了解哺乳类动物的一般特征。

实验用品

小白鼠、蜡盘、解剖器械、烧杯、大头针和棉花、清水。

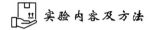

实验内容及方法

一、外部形态和观察

小白鼠整体分为头、颈、躯干、四肢和尾 5 部分,全身被毛。

(1)头部:长形;眼有上下眼睑;一对大而薄的外耳;鼻孔一对;鼻孔下方为口,口让有肉质的唇。

(2)颈:颈部明显,活动自如。

(3)躯干:长而背面弯曲;腹部末端有外生殖器和肛门;雌体胸、腹部有较明显的乳头。

(4)四肢:前肢肘部向后弯曲,具 5 指;后肢膝部向前弯曲,具 5 趾;指(趾)端具爪。

(5)尾:尾长约与体长相等,有平衡、散热和自卫功能。

二、处死和内部解剖

1.颈椎脱臼法处死小白鼠

用左手拇指、食指捏住小白鼠头的后部,并用力下压;右手抓住鼠尾,用力向后上方拉,便可使小白鼠的颈椎脱臼,瞬间死亡。

2.解剖

(1)剪开皮肤:将处死的小白鼠腹面向上置于蜡盘中,用棉球蘸水擦湿腹中线上的毛。然后左手用镊子在外生殖器稍前处提起皮肤,右手持剪沿腹中线向前剪开皮肤,直至下颌底;再从四肢内侧横向剪开皮肤。一手用镊子提起剪开的皮肤,另一手将尖头镊子紧贴皮肤划剥结缔组织,以分离肌肉和皮肤。

(2)剪开腹壁:沿腹中线剪开腹壁至胸骨后缘,在沿胸骨两侧剪断肋骨,剪去胸骨,将肌肉向两侧展开,用大头针固定。沿边缘剪开横隔膜及第一肋骨和下颌之间的肌肉。

三、观察内部结构

1.消化系统

(1)口腔:沿口角剪开颊部及下颌骨与头骨的关节,打开口腔。可见口腔底有肌肉质舌;小白鼠的上下颌各有两个门齿和六个臼齿;门齿发达,能终身不断地生长,可使磨损的门齿齿端得到补偿。注意观察门齿和臼齿的形态特征,思考它们各有何功能。异型齿是哺乳类的标志特征。

(2)肝脏:紧贴横膈膜下可以见到 4 叶红褐色的肝脏之一。

（3）胃：将肝脏掀至右边，可以观察到胃。

（4）食管：位于气管背面，后行穿过横隔膜与胃相接。

（5）肠：分为小肠和大肠。小肠分为十二指肠、空肠和回肠，十二指肠紧接胃。其后为空肠和回肠，回肠末端有盲肠，盲肠尖端为蚓突；大肠分为结肠和直肠，直肠进入盆腔，开口于肛门。

（6）胰脏：在十二指肠附近可以观察到粉红色的胰脏。

2. 呼吸系统

在颈部可以看到由白色环状软骨构成的气管；气管进入胸腔后分为左、右支管，分别通入左、右肺。肺呈海绵状。

3. 循环系统

在胸腔可以见到略呈倒圆锥形的心脏，位于两肺之间，心尖偏左，幼鼠心脏上半部被一对淡肉色的胸腺覆盖。将胃拨到右侧，可见其左侧红褐色长椭圆形的脾脏。

4. 泌尿生殖系统

（1）泌尿器官：将肠拨开，可见在腹腔背壁左右侧各有一豆形肾脏，右肾比左肾的位置略高，肾脏上方有淡红色的肾上腺。由各肾内缘凹陷处即肾门发出一输尿管，通入膀胱，膀胱开口尿道。雌性尿道开口于阴道孔前方，雄性尿道通入阴茎开口于体外，并兼有输精功能。

（2）雄性生殖器官：将肠掀到一边，可以观察到睾丸（精巢）一对，椭圆形，成熟后坠入阴囊；附睾一对，附睾可分为附睾头、附睾体和附睾尾，头部紧附于睾丸上部，体部从睾丸的一侧下行，尾部与输精管相接；输精管一对，开口于尿道；阴茎，为交配器官。

（3）雌性生殖器官：将肠掀到一边，可见腹腔背壁两侧的肾脏后方各有一个卵巢，近似蚕豆形。输卵管一对，盘绕紧密。输卵管前端呈喇叭状，在卵巢附近开口于腹腔，后端膨大处为子宫，左右子宫会合延至阴道，阴道开口于体外，称阴道口。

实验十　动物多样性的观察

实验目的

通过对动物界各大类群代表动物的观察，熟悉各类动物的共同特点，了解动物从单细胞到多细胞群体、从水生到陆生、从简单到复杂的进化发展过程。

实验用品

大草履虫(*Paramecium caudatum*)、水螅(*Hydra sp.*)、真涡虫(*Planaria sp.*)、人蛔虫(*Ascaris lumbricoides*)、环毛蚓(*Pheretima sp.*)、无齿蚌(*Anodonta*)、中华稻蝗(*Oxya chinensis*)、海盘车(*Asterias rollestoni*)、柄海鞘(*Styela clava*)、文昌鱼(*Branchiostoma belcheri*)、七鳃鳗(*Petromyzon*)、鲤鱼(*Cyprinus carpio*)、蟾蜍(*Bufo bufo*)、眼镜蛇(*Naja naja*)、家鸽(*Columbalivia var. domestica*)及大白鼠(*Rattus norvegicus var. albus*)等的活标本、浸制标本、染色装片及剥制标本。

显微镜、解剖镜、镊子、解剖针、滴管、载玻片、盖玻片、吸水纸和纱布等。

实验内容及方法

1. 原生动物

原生动物是单细胞动物或由单细胞形成的群体动物。原生动物以单个细胞内分化出的各种细胞器来完成多细胞动物所表现的各种生活机能,如运动、消化、呼吸、排泄、感应和生殖等。

大草履虫是原生动物的代表动物之一,见本章实验一。

2. 腔肠动物

腔肠动物是后生动物的开始,一般为辐射对称,具有内外两胚层,处于原肠胚阶段,开始分化出简单的组织,具有最简单、最原始的神经系统——神经网。

水螅是腔肠动物的代表动物之一。观察活水螅,水螅体呈长筒形,能收缩。身体基部附着在物体上,上端中央有口,口外周有5~12条触手。

3. 扁形动物

从扁形动物开始出现了身体的两侧对称,神经系统和感觉器官越来越向身体前端集中,逐渐出现了头部。中胚层的出现,引起了一系列组织、器官和系统的分化。

真涡虫是扁形动物的代表动物之一。用解剖镜观察,真涡虫身体柔软、扁平而细长,背面稍凸,多褐色,体前端两侧各有一凸起的耳突,在耳突的内侧有一对黑色的眼点;腹面较扁平,色较浅,口在腹面后端1/3处,稍后方为生殖孔,无肛门。

4. 线形动物

线形动物又称为假体腔动物,其体腔是由胚胎时期的囊胚腔发展形成的,消化管末端出现肛门;体表被角质膜;排泄器官属于原肾系统;雌雄异体。

人蛔虫是线形动物的代表动物之一。观察浸制标本,蛔虫体呈圆柱形,雌虫较粗,腹面后端不弯曲,肛门开口于腹面近体末端;雄虫细而小,腹面后端弯曲,有两根交接刺,由泄殖腔空中伸出。

5. 环节动物

身体分节,同时许多内部器官如循环、排泄、神经等也表现出按体节重复排列的现象;出现后肾,产生次生真体腔、闭管型循环系统、索式神经系统,以刚毛与疣足作为运动器官。

环毛蚓是环节动物的代表动物之一。观察浸制标本,环毛蚓呈圆柱状、细长,由许多环节组成。身体前端第一节有口,末端有纵裂状肛门。观察环毛蚓内部解剖标本,可见其体腔为真体腔;各节间由隔膜分开;消化系统由口、咽、食管、砂囊、胃和肠组成;循环系统由背血管、腹血管、心脏、神经下血管和食道下血管组成;神经系统为典型的索式神经;雌雄同体,生殖器官仅限于体前部少数体节内,结构复杂。

6. 软体动物

软体动物形态结构变异较大,身体柔软,分为头、足、内脏团,体外被套膜,常常分泌有贝壳。

无齿蚌是软体动物的代表动物之一。观察揭开贝壳的无齿蚌,其两瓣外壳呈卵圆形;紧贴两壳内面为外被膜,包围蚌体,头部退化蚌体的上部为柔软的内脏团,其下方连于斧状的肉足,肉足为运动器官;心脏在身体背面的围心腔内,由心室和心耳两部分组成;呼吸器官是鳃,雌雄异体。

7. 节肢动物

节肢动物为动物界种类最多的一门动物,全身包被坚实的外骨骼,部分陆生种类出现了气管进行呼吸,出现了开管式的循环系统,附肢分节,身体分部,具有发达的感觉器官和神经系统,出现了收缩能力较强的横纹肌。

中华稻蝗是节肢动物的代表动物之一。观察浸制标本,蝗虫体分头、胸、腹三部分,体表具几丁质的外骨骼。头顶两侧有两对复眼,两复眼内侧有两个单眼,在额中央有一个单眼。头部还有一对触角和复杂的口器。胸部背面有一对翅,胸部腹侧面有三对足。雌雄异体,腹部末端有外生殖器。

8. 棘皮动物

棘皮动物属于后生动物,全部生活在海洋中,身体为次生性辐射对称,且大多数为五辐射对称。具有特殊的水管系。棘皮动物一般运动迟缓,神经系统和感官不发达。

海盘车是棘皮动物的代表之一。观察浸制标本,海盘车体呈星状,由中央盘和5个辐射状排列的腕组成,体表粗糙。背面略拱起,腹面平坦,中央有口。自口沿各腕腹面中央伸至腕的末端各有一条沟。

9.脊索动物

脊索动物是动物世界中最高等的一门,其个体发育的某一时期或整个生活史中,都具脊索、背神经管、鳃裂。脊索动物又分为以下几类。

(1)尾索动物:脊索和背神经管经存在于幼体的尾部,成体退化或消失。

柄海鞘是尾索动物的代表之一。观察浸制标本,柄海鞘成体呈长椭圆形,基本以柄附生在物体上,另一端有两个相距不远的孔,顶端的一个是入水口,位置低的一个是出水孔。

(2)头索动物:脊索和背神经管纵贯于全身的背部,并终生保留。

文昌鱼是头索动物的代表动物之一。观察浸制标本,可见文昌鱼体侧扁,两端尖细,呈长梭形,无头部和躯干部之分;通过皮肤可见身体两侧的肌肉及肌肉腹侧的生殖腺(雄性的为白色,雌性的为淡黄色)。在低倍显微镜下观察文昌鱼整体染色装片,可见文昌鱼身体前端腹面有一滤斗状口器,口后有宽大的咽,咽后为肠管,肠背方一黄色棒状物为脊索,脊索背方一细长管为神经管。

(3)脊椎动物:又分为圆口纲、鱼纲、两栖纲、爬行纲、鸟纲和哺乳纲。虽然它们在形态结构上彼此悬殊,但具有如下主要特征。

①出现了明显的头部,脑及眼、耳、鼻等重要的感觉器官集中于此。

②在绝大多数的种类中,脊索只出现于胚胎发育的早期,以后被脊椎索代替。

③原生的水生种类用鳃呼吸,次生的水生种类及陆生种类只在胚胎期间出现鳃裂,成体用肺呼吸。

代表动物:七鳃鳗、鲤鱼、蟾蜍、眼镜蛇(或蜥蜴)、家鸽和大白鼠等。观察浸制标本、活标本或剥制标本。

◀◀◀第三章

生态学实验

实验一 环境因子(水)对植物结构的影响

水分是植物生长发育的重要因子,根据植物与生长环境的关系,把植物分为水生植物、中生植物和旱生植物,后两者又合称为陆生植物。水生植物生长在水中,依据其生活型又可分为沉水植物、浮水植物和挺水植物。生长在不同环境中的植物,在演化过程中会形成一些适应环境的结构特征,其中以叶的结构变化最为显著。

实验目的

理解植物器官的结构特点对植物生长发育及其对环境适应的意义,掌握生长在不同环境下的植物器官的结构特点。

实验用品

1.植物材料

眼子菜叶横切永久制片,睡莲叶横切永久制片,苇叶横切永久制片;夹竹桃叶横切永久制片,荆条叶横切永久制片,芨芨草叶横切永久制片;眼子菜茎横切永久制片,狐尾藻茎横切永久制片,黑三棱茎横切永久制片;毛茛根横切永久制片,苇根横切永久制片。

2.仪器与设备

显微镜、载片、盖片、双面刀片、毛笔、培养皿、滤纸、滴管等。

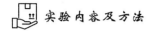 **实验内容及方法**

一、水生植物叶的结构

1. 眼子菜(沉水植物)叶横切永久制片观察

表皮无角质膜,也没有气孔器,但表皮细胞中含有叶绿体。叶肉细胞不发达,仅由几层没有分化的细胞组成,没有栅栏组织和海绵组织的分化。在靠近主脉处,叶肉细胞形成大的气腔。叶脉的木质部导管和机械组织都不发达。

2. 睡莲(浮水植物)叶横切永久制片观察

上表皮具角质膜,并有气孔器分布,细胞中没有叶绿体;下表皮没有气孔器,细胞中有时含有叶绿体。叶肉有明显的栅栏组织和海绵组织的分化,栅栏组织在上方,细胞层数多,有4～5层细胞,含有较多的叶绿体;海绵组织在下方,形成十分发达的通气组织,其中有星状石细胞分布。在栅栏组织和海绵组织之间有小的维管束,海绵组织中的维管束较大,维管组织特别是木质部不发达;大的叶脉维管束包埋在基本组织中,在维管束和下表皮之间有机械组织分布。

3. 苇(挺水植物)叶横切永久制片

表皮细胞外具有较厚的角质层;在表皮中有成对的保卫细胞形成的气孔器,上表皮气孔器少,而下表皮较多;上表皮中还有一些体积较大的细胞,常几个连在一起,中间的细胞最大,叫泡状细胞,分布在上表皮肋状突起间的凹陷处。叶肉没有栅栏组织和海绵组织的分化,细胞比较均一,细胞内均含有叶绿体。叶脉维管束外有两层维管束鞘,外层细胞较大,壁薄,含有叶绿体;内层细胞小,壁厚。维管束的上、下两侧具有厚壁细胞,一直延伸到表皮之下。

二、旱生植物叶的结构

1. 夹竹桃(硬叶植物)叶横切永久制片

表皮外有厚的角质膜,表皮细胞为2～3层细胞形成的复表皮,细胞排列紧密,细胞壁厚;下表皮有一部分细胞构成下陷的窝,窝内有表皮细胞形成的表皮毛,毛下有气孔分布。在上、下表皮之内都有栅栏组织,栅栏组织由多层细胞构成,细胞排列非常紧密,胞间隙少;海绵组织位于上、下栅栏组织之间,细胞层数较多,胞间隙不发达。在叶肉细胞中常含有簇晶。叶脉维管束发达,主脉很大,为双韧维管束。

2. 荆条(薄叶植物)叶横切永久制片

叶上、下表面均有覆盖物,上表皮形成单细胞的毛;下表皮为单列细胞的毛,弯曲后彼此重叠;气孔器分布在下表面。栅栏组织发达,多层细胞紧密排列,胞间隙少;海绵组织胞间隙不发达,但在气孔下方有大的孔下室。叶脉维管束分布密集,主脉及较大的维管束上下方有机械组织分布,小脉的维管束鞘一直延伸到表皮下。

3.芨芨草(卷叶植物)叶横切永久制片

叶中大小不同的维管束交替排列,大维管束的部分在近轴面形成隆起,而小维管束的部分在近轴面形成凹陷,这样在两个大维管束之间产生了沟。表皮具厚的角质膜,在隆起处最厚,沟底和沟的两侧相对较薄;气孔器和表皮毛也分布在沟底和沟的两侧;表皮细胞细胞壁厚,但在大小叶脉之间的上表皮细胞为薄壁的泡状细胞。叶肉没有栅栏组织和海绵组织分化,在隆起处表皮下为几层厚壁细胞,同化组织分布在沟底和沟两侧的表皮下,细胞排列紧密。叶脉维管组织发达,有明显的维管束鞘,大小维管束鞘向下延伸至表皮下,但小维管束鞘上方为同化组织,而大维管束鞘则向上延伸至表皮下的厚壁细胞。

4.芦荟(多浆植物)叶横切永久制片

表皮细胞壁厚,有厚的角质膜,并有气孔器分布。表皮下为几层细胞组成的同化组织,在同化组织之内是一些大而无色的薄壁细胞,为储水组织。在同化组织和储水组织之间有一轮维管束分布,其维管组织和机械组织均不发达。

三、水生植物茎的结构

1.眼子菜茎横切永久制片

表皮细胞砖形,有一薄的角质膜,其内常有叶绿体。皮层细胞中亦含叶绿体,分布有发达的通气组织;有明显的内皮层,其上有凯氏带加厚。维管束中木质部退化,导管壁薄或形成由一圈木薄壁细胞包围的空腔。髓薄壁细胞排列疏松。

2.狐尾藻(沉水植物)茎横切永久制片

同为沉水植物,狐尾藻茎与眼子菜茎不同。狐尾藻的皮层在茎中比例较大,表皮下有几层退化的厚角组织,厚角组织内形成一圈轮辐状的通气组织。中柱的结构与中生植物相似,有发达的木质部。

3.黑三棱(挺水植物)茎横切永久制片

表皮及表皮下的厚角组织与一般单子叶植物茎类似的通气组织不同的是,基本组织中形成了发达的维管束散生在通气组织中。

(四)水生植物根的结构

苇根横切永久制片:与一般中生植物不同的是,皮层外侧有一圈厚壁组织环,环下的皮层细胞形成了发达的通气组织,而内皮层的五面加厚及中柱结构与一般单子叶植物根结构相似。

实验二　Lincoln 指数法估计种群数量大小

实验目的

通过 Lincoln 指数法估计种群数量，掌握标记重捕技术。理解 Lincoln 指数法在统计种群数量中的重要作用。

实验原理

标记重捕法通常用于估计在一个有比较明显界限的区域内的动物种群数量大小。具体做法是：在该区域内捕捉一定数量的动物个体并对其进行标记，然后放回，经过一个适当时期（让标记动物与种群其他个体充分混合）后，再进行重捕。根据重捕样本中标记者的比例，估计该区域种群的总数。其原理是标记动物在第二次抽样样品中所占的比例与所有标记动物在整个种群中所占的比例相同。标记重捕法的方法很多，其中 Lincoln 指数法是常用的方法之一。

在运用 Lincoln 指数法进行种群数量估计时，必须满足下列假设条件，才能使种群数量估计比较准确：

（1）标记方法不能影响个体的正常活动。

（2）标记保留的时间不能短于整个实验时间。

（3）第二次取样之前标记个体必须在自然种群中充分混合。

（4）不同年龄的个体具有相等的被捕概率。

（5）种群是封闭的，即没有迁入或迁出，如果有，迁入或迁出的数值必须能够测定。

（6）实验期间没有出生或死亡，如果有，出生或死亡的数量必须能够测定。

Lincoln 指数法的基本公式：

$$\frac{p}{a} = \frac{n}{r}$$

式中：p——种群总数；

　a——最初标记数；

　n——取样总数；

　r——样本中标记个体数。

实验用品

黑色与白色围棋子各 300 枚（代替实验动物），标记笔，50mL 的烧杯，黑色布袋，托盘等。

实验步骤

1. 每 3 人一小组，每小组取一个黑布袋，每袋装入由实验教师发的白色围棋子若干（一般 250 个左右），但每组所装棋子数不等。

2. 每组再分别装入黑色棋子 50 个左右（相当于标记的动物），并将具体数目填入表 3-2-1 中。

3. 将黑色棋子与布袋中原有的白棋子混合均匀。

4. 用 50mL 烧杯随机取 1 烧杯棋子，记录 50mL 烧杯中总棋子数和黑棋子数，并记录。

5. 重复以上两步 5 次。

6. 计算 p 值（用 n 表示每次所取棋子（相当于样本）全部个数，r 表示每次取样样本中标记的棋子个数（黑棋子数），o 表示最初标记棋子数（总的黑棋子数）。

7. 对计算出的 5 个 p 值，求其平均数：

$$p = (p_1 + p_2 + p_3 + p_4 + p_5)/5$$

式中：p_i——第 i 次计算出的布袋中围棋子的总数。再数出布袋中所装围棋子的实际数量（黑白棋子数之和），并比较总数估算值 p 和总数实际值 p。

表 3-2-1　Lincoln 指数法实验记录

次数	1	2	3	4	5	a	总数估算值的平均值 p	总数实际值 p
n								
r								

实验三　去除取样法估计种群数量大小

实验目的

1.通过去除取样法估计种群数量大小,深刻理解去除取样法的基本原理,掌握去除取样法估计种群数量大小的技术。

2.了解在运用去除取样法进行种群数量估计时,必须满足什么条件才能使估计比较准确。

实验原理

去除取样法又称移动诱捕法,是用相对估计法估计种群绝对量。假定在调查期间种群内个体没有出生,没有死亡,也没有迁出和迁入;每次捕捉时,所有动物被捕概率相等。随着连续的捕捉,种群数量逐渐减少,因而花同样的捕捉力量所取得的效益、捕获数就逐渐降低。

同时随着连续的捕捉,逐次捕捉的累计数逐渐增大。因此将逐次捕捉数(作为 y 坐标轴)对每天捕获累计数(作为 x 坐标轴)作图,就可以得到一条回归线(图3-3-1)。回归线与 x 轴的交点(即 $y=0$ 时)表示原种群大小,回归线的斜率代表捕获的概率。

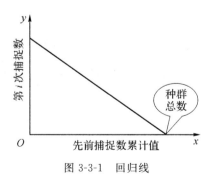

图 3-3-1　回归线

对于去除取样法所获得的数据,可以通过回归分析的方法,最终求出种群的数量。
回归方程:

$$y = a + bx$$

根据一元线性回归方程的统计方法, a 和 b 可以用下面的公式求得:

$$a = \bar{y} - b\bar{x}$$

$$b = \frac{\sum_{i=1}^{n}(x_i - \bar{x})(y_i - \bar{y})}{\sum_{i=1}^{n}(x_i - \bar{x})^2}$$

式中：a—— 回归直线与 y 轴的交点到 x 轴的距离，也称为直线的截距；

b—— 回归线的斜率，也称为捕获率；

x_i—— 动物数量或累计取出棋子的数量；

y_i—— 每次或每天捕获动物数量或取出棋子的数量；

n—— 抽样总次数。

实验用品

黑色与白色围棋子若干，50mL 烧杯，黑色布袋，托盘，计算器等。

实验步骤

1. 每 3 人一小组，每小组取一个黑布袋，每袋装入由实验教师发的白色围棋子若干（一般 250 个左右），但每组所装棋子数不等。

2. 用 50mL 烧杯随机取一烧杯棋子，记录 50mL 烧杯中总棋子数，并不再将这些棋子放入布袋中，填入表 3-3-1 中。

3. 重复上一步骤 4 次，并将取出的棋子数填入表 3-3-1 中。

4. 用最小二乘法计算出种群的数量大小。

表 3-3-1　每次取出棋子的数量与累计取出棋子数量的统计分析

抽样次数	每次取出棋子数(y_i)	累计取出棋子数(x_i)	$y_i - \bar{y}$	$x_i - \bar{x}$
1				
2				
3				
4				
5				

求得 a 与 b 的值后，即可得到种群大小的估计值：

$$x(\text{当 } y = 0 \text{ 时}) = -\frac{a}{b}$$

注意事项

为了保证所估计的种群数量大小准确,关键是在每次取样时,要保证所有要取的棋子被取得的概率相等。例如,具体操作时,可以用黑色棋子代替取出的白色棋子再放入布袋中,反之亦然。

实验四　生命表的编制

实验目的

1.通过实验操作,掌握生命表的编制方法。

2.学会分析生命表。

实验原理

生命表是表达种群死亡过程的有力工具。通过编制生命表,可获得有关种群存活率、存活曲线、生命期望、世代净增殖率、增长率(综合生命表)等有重要价值的信息。根据生命表所列数字的来源和类型,可将生命表分为动态生命表(又称同生群生命表,将同生群存活数和死亡数作为基本数据列入表中)、静态生命表(根据一次大规模调查,以不同年龄个体存活数作为基本数据列入表中)和综合生命表(在上述生命表中加入代表世代繁殖信息的数据)。建立野外生物的动态生命表往往需要结合标记重捕技术,而且该方法由于要追踪生物从出生到死亡的整个过程,不太适用于寿命很长的生物的研究。静态生命表的编制需要一次采集大量数据,以使样品能够代表整个种群的构成,而且由于不同生群之间的出生率、死亡率不尽相同,容易出现较大的误差。

动态生命表中数据栏目由左至右依次为:x(年龄段),n_x(x期开始时存活数目),l_x(x期开始时的存活率),d_x(x到$x+1$期间的绝对死亡率),q_x(x到$x+1$期间的相对死亡率)。依据生物性质划分年龄阶段(如1个发育期、1个月、1年、5年等),作为表中最左边的一列x,观察同一时期出生的同一群生物从出生到死亡各年龄段开始时的存活情况,将观测值n_x列在x值右边一栏,根据这些观测值即可算出表中其他栏目的数据。

各栏数据的关系如下：

$$l_x = n_x/n_0 \qquad d_x = l_x - l_{x+1}$$

$$q_x = d_x/l_x \qquad k_x = \log_{10} n_x - \log_{10} n_{x+1}$$

如果在生命表中加入 m_x 项，用来记录各年龄的出生率，即构成综合生命表。

实验用品

骰子、烧杯、记录纸、绘图纸、笔等。

实验步骤

1. 以骰子数量代表所观察的一组动物（如海豹）的同生群，给每个实验组发 30 只骰子、1 个烧杯。

2. 通过掷骰子游戏来模拟动物死亡过程，每只骰子代表一个动物，所以开始时动物数为 30，年龄记为 0。掷骰子规则为：将烧杯中骰子充分混匀，一次全部掷出，观察骰子的点数，1、2、5、6 点代表存活个体，3、4 点代表死亡个体，投掷一次骰子代表 1 年。将投掷次数作为年龄记在表 3-4-1 最左边一栏（年龄 x）中，将显示 1、2、5、6 点的骰子数作为存活个体数记在表 3-4-1 存活个体数 n_x 一栏中。

3. 将"死亡个体"去除，"存活个体"继续放回烧杯中重复以上步骤，直到所有动物全部"死亡"。

4. 按上面公式计算生命表中其他各项的数值，完成表 3-4-1。

表 3-4-1　动态生命表

年龄 x	存活个体数 n_x	存活率 l_x	死亡率 d_x	死亡率 q_x	k_x
0	30	1.000			
1					
2					
3					
...					
n					

结果与分析

以年龄 x 为横坐标、$\lg l_x$ 为纵坐标作图,看看得到一条怎样的存活曲线。

实验五　植物居群的比较研究

实验目的

掌握居群研究的基本方法;了解植物变异的多样性;领会植物物种的存在形式及维持。

实验原理

物种虽然是由个体组成的,但由于生境不同,自然界中种内个体是以居群(population)的形式存在,居群间在种的分布区中是不连续分布的。因此,同种个体虽然在表型特征和遗传结构上具有稳定性和连续性,但个体间、居群间也存在变异性,现代生物学研究更注重居群层次。

实验用品

野外记录本、4H 或 5H 铅笔、GPS、相机、实体解剖镜、解剖工具、游标卡尺、卷尺。

实验步骤

1.研究对象的选择

选择生活在不同地区和生境条件下同种植物的两个不同居群,最好是小草本,以便于研究。每个居群选择代表性的植株 10 株。

2.居群基本环境的观察与记录

观察并记录居群所处的群落类型、地形、地表特征及土壤条件等。

3.居群内植物个体特征的测量

每个居群选择 10 株个体作为代表。根据不同植物特点,确定测量和比较的性状指标,如株高、叶大小和形态、分枝情况、根系状况、生育期,甚至解剖学性状等。

4.不同居群的比较

将各性状赋值,数量性状直接采用,而非数量性状则以自然数赋值。全部性状赋值后,采用 SPSS 统计软件,对实验数据先标准化,然后进行聚类和主成分分析。

5.散点图和性状变异图分析

散点图采用不同形状符号代表个体的不同性状,在坐标图上能够形象地表示出个体的分布情况。性状变异图则能直观地看出性状间断与否。如果是同一物种的不同居群,则个体间和居群间虽然存在一定差异,但在主要性状上仍然存在很多重叠。如果是不同物种,则散点图会分成不同部分,性状变异图也将显示出性状的间断。

以堇菜属(Viola)的细距堇菜(*V. tenuicornis*)复合群(complex)为例。自 W. Becker 于 1916—1923 年建立细距堇菜及其变种毛萼堇菜(*Viola tenuicornis subsp. trichosepala*) 以后,S. V. Juzepezuk 又将毛萼堇菜提升为独立的种(*V. trichosepala*)。随机选择华北地区不同居群的 80 株植物个体,采用堇菜属分类学上的重要特征进行计算并绘制散点图和性状变异图(图 3-5-1)。研究表明,虽然不同个体间存在一定差异,但在重要性状上仍然存在很多重叠,没有间断,因此它们是同一个物种。野外观察发现,造成居群间性状变异的主要原因是环境中土壤含水量和光照条件不同,偏干燥、向阳环境导致植物器官明显被毛,否则无毛,但中间存在许多过渡类型。

6.聚类和主成分分析

通过聚类和主成分分析,我们可以看出不仅个体间,而且两个居群间都存在一定差异,同时也能看出它们之间的变异主要反映在哪些性状上。

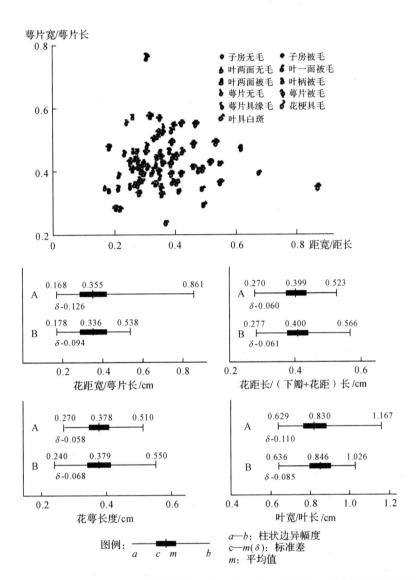

图 3-5-1　来自不同居群的细距堇菜复合群个体散点分布图和个体性状变异幅度图

实验六　植物群落物种多样性的测定

生物多样性是指生物中的多样化和变异性以及物种生境的生态复杂性。它包括植物、动物和微生物的所有种及其组成的群落和生态系统。生物多样性可分为遗传多样性、物种多样性和生态系统多样性三个层次。物种多样性具有两种含义：一是指一个群落或生境中物种数目的多寡（数目或丰富度）；二是指一个群落或生境中全部物种个体数目的分配状况(均匀度)。群落的复杂性可用多样性指数来衡量。

植物群落的多样性是群落中所含的不同物种数和它们的多度的函数。多样性依赖于物种丰富度和均匀度或物种多度的均匀性。两个具有相同物种的群落,可能由于相对多度的分布不同而在结构和多样性上有很大的差异。在不同空间尺度范围内,植物多样性的测试指标是不同的,通常可以分为 α-多样性、β-多样性、γ-多样性三个范畴,其中 α-多样性是指在栖息地或群落中的物种多样性。

实验目的

掌握植物群落 α-多样性测定方法;加深物种多样性对植物群落的重要意义的认识。

实验用品

样方测绳(100m)、皮尺(50m)、卷尺、测高仪、GPS、海拔仪、计算器、标本夹等。

实验步骤

1.样地的选择

选择物种丰富均匀和物种较少及个体差异较大的两个不同类型的植物群落,记载群落类型(按外貌分类)、生境特点于表 3-6-1 中。注意,这些地理数据与群落内的其他情况记录得越详细,就越有利于对群落物种多样性高低的环境解释。

2.群落类型及样方大小的选择

按标准在野外选择样地。可采用样方面积为 10m×10m,并将 10m×10m 的样方划分为 5m×5m 的 4 个网格的小样方。

3.群落内各数量指标的调查

(1)乔木层数据的调查:在每个 5m×5m 的小样方内识别乔木层树种的数目,目测出样方的总郁闭度。然后统计每个树种的株数,测量胸径、树高以及目测每个树种的郁闭度即盖度。并将数据记录到表 3-6-2 中。

(2)灌草层数据的调查:在同样的 5m×5m 的小样方内识别灌木层物种数,目测出每个灌木种类的盖度、平均高度以及多度。在 10m×10m 的样方中随机选取 5 个 1m×1m 的草本植物样方,然后进行草本层每个物种的盖度、平均高度以及多度的调查,并将数据填入表 3-6-2 中。

4.多样性指数的计算

植物尤其是草本植物数目多,且禾本科植物多为丛生的,计数很困难,故采用每个物种的重要值来代替每个特种个体数目这一指标,作为多样性指数的计算依据。因此,首先按照下面的重要值的计算公式,计算出每个物种的重要值,再将每个物种的值代入辛普森多样性指数和香农—威纳多样性指数计算公式中,分别计算群落的多样性指数。

辛普森多样性指数(D):

$$D_{\text{Simpson}} = 1 - \sum_{i=1}^{S} P_i^2 = 1 - \sum_{i=1}^{S} \left(\frac{N_i}{N} \right)^2$$

式中:P_i——种i的相对重要值,$P_i = N_i/N$,N_i为种i的绝对重要值,N为种i所在样方的各个种的重要值之和;

S——种i所在样方的物种总数,即物种丰富度指数。

香农—威纳多样性指数(H):

$$H_{\text{Shannon-Weiner}} = -\sum_{i=1}^{S} P_i \log_2 P_i$$

式中:P_i——种i的相对重要值,$P_i = N_i/N$,N_i为种i的绝对重要值,N为种i所在样方的各个种的重要值之和;

S——种i所在样方的物种总数即物种丰富度指数。

其中重要值的计算方法:重要值是一个综合的指标,通常综合考虑相对多度、相对频度和相对优势度中二至三个指标。在本项实验中,乔木、灌木和草本各个种的重要值分别计算,公式为:

乔木的重要值 N_i=(相对密度+相对优势度+相对盖度)/3

灌木和草本的重要值 N_i=(相对高度+相对盖度)/2

式中:

相对密度=(每个种的密度/所有种的密度和)×100%

相对优势度:指样方中某种个体的胸面积和与样方中所有种个体胸面积总和的比值。计算式为:

相对优势度=(样方中该种个体胸面积和/样方中全部个体胸面积总和)×100%

相对盖度=(每种的盖度/所有种的盖度之和)×100%

相对多度:指种群在群落中的丰富程度。计算式为:

相对多度=(某种植物的个体数/同一生活型植物的个体总数)×100%

频度与相对频度:频度是指一个种在所作的全部样方中出现的频率,相对频度指某种在全部样方中的频度与所有种频度和之比。计算式为:

频度=该种植物出现的样方数/样方总数

相对频度=(该种的频度/所有种的频度总和)×100%

表 3-6-1　群落样地基本情况调查表

调查者：＿＿＿＿＿＿＿＿　　　　调查日期：＿＿＿＿＿＿＿＿

样地编号：＿＿＿＿＿＿＿　　　　样地面积：＿＿＿＿＿＿＿

群落类型：＿＿＿＿＿＿＿　　　　群落名称：＿＿＿＿＿＿＿

地理位置:经度：＿＿＿＿＿＿　　纬度：＿＿＿＿＿＿＿

地形：＿＿海拔：＿＿＿＿＿　　坡向：＿＿＿＿＿＿　　坡度：＿＿＿＿＿＿

土壤、岩石、地下水位：＿＿＿＿＿＿＿

微地形、地被物：＿＿＿＿＿＿＿

动物活动情况：＿＿＿＿＿＿＿

人为干扰情况：＿＿＿＿＿＿＿

表 3-6-2　群落物种多样性测定表

组别：　　　　地点：　　　　样地面积：　　　　样地总郁闭度：

乔木层物种名称	株数	胸径/cm	高度/m	枝下高/m	郁闭度	绝对重要值 P_i
①						
②						
③						
④						
⑤						
⑥						
⑦						
⑧						

灌草层物种名称	株数	高度/m	盖度	绝对重要值 P_i
①				
②				
③				
④				
⑤				
⑥				
⑦				
⑧				

续表

灌草层物种名称	株数	高度/m	盖度	绝对重要值 P_i
⑨				
⑩				

◀◀◀第四章

野外实践

实践一　野外实习手册

实习目的

野外实习是高等院校普通生物学课程教学的重要组成部分,是理论与实践有机结合的重要环节。因此,必须明确实习目的。

(1)理论联系实际,巩固课堂知识。

(2)培养学习兴趣,学习和掌握野外工作方法。

(3)培养学生分析和解决问题的实践能力。

(4)增强集体主义观念和环境保护意识,令学生热爱大自然。

实习准备

选择地形地貌复杂、生物物种丰富、区系成分复杂、景观类型多样,且人为干扰小、交通便利、生活设施完备的地方作为实验基地。此外,还要定制详细的教学计划,保证实习顺利进行。实习地确定后,实习带队教师应在实习前到实习地预察,并进行初步调查研究,了解当地的生态条件、生物类群、交通、食宿条件等,做好业务准备。

组织管理

野外实习既是一个教学过程,又是一个实践过程。野外的环境多变,活动范围较广,新鲜的东西多,而且还有多种潜在的危险。要想达到野外实习的目的,必须做好实习的组织、实施和管理工作。

1.实习的组织

(1)做好野外实习的动员工作。野外实习前应召开野外实习动员会,让学生明确实习目的、实习内容、实习要求和安排。

(2)成立实习领导小组。野外实习前要成立由学院(系)或教研室领导、指导教师及学生干部等组成的实习领导组,设组长、副组长及秘书等岗位。选取一位具有丰富教学经验、业务过硬、有组织管理能力、思想作风好的教师作为领导组长,全面管理实习期间的各项事务;副组长协助组长工作,具体负责实习经费的领取和管理,全面负责学生的安全管理工作;秘书负责实习车辆的包租,联系食宿,购买常用药品、物品与保管等。

(3)划分实习小组。为更好地开展野外实习,根据师资情况,将整个实习队伍分成10~20人的实习小组,每组由1位或2位教师指导。选组长、副组长各1名,负责实习的日常事务,配合指导教师落实实习和生活的各项工作。

(4)物资和资料准备。野外实习常规用品和资料是保证实习顺利进行的必备条件,各实习小组和个人在实习前必须将其准备好。

常用的实习仪器:望远镜、摄像机、照相机、显微镜、解剖镜、便携式标本烘干器、放大镜、GPS仪、罗盘、海拔高度表、温度湿度表、皮尺、钢卷尺、测高仪、气压表、风速仪等。

标本采集与制作工具:①植物标本的采集与制作工具:标本夹、采集袋、吸水纸、枝剪、台纸、麻绳、水网、小铁铲或小铁镐、棉线、胶水、采集刀、牛皮纸标本袋、铅笔、记录本、地图、标签、培养皿、载玻片、盖玻片、针、台板、手锯等。②动物标本的采集与制作工具:浮游生物网、采集袋、捕虫网、吸虫管、采虫筛、诱虫灯、毒瓶、三角纸袋、昆虫针、展翅板、标本盒、拖网、挂网、鸟网、蛇叉钳、套索、网兜、捕鼠夹、铁锤、铲、塑料桶、塑料袋、饲养笼、小瓶、小镊子、折刀、毛笔、指形管、标签、铅笔、记录本、三级台、正姿台、还软管、大头针、黏虫胶、卧室趋光采虫器、解剖刀、烧杯、量筒、广口瓶、注射器、医用手套、解剖盘、解剖器械、培养皿、载玻片、盖玻片、铅丝、木条、棉花、纱布、针、线、台板、酒精灯、铝锅等。

实习药品:乙醇、甲醛(福尔马林)、冰醋酸、亚硫酸、二甲苯、高锰酸钾、浓硫酸、硫酸钠、硼酸、乙酸铜、薄荷脑、氯仿或乙醚、苯酚等。

实习资料:包括实习地的地方杂志,动物、植物分类检索表,图鉴、图说,科、属、种的专著及有关其他资料和参考书。

生活用品:水壶、饭盒、手电筒、衣裤、太阳帽、雨具、防护手套、文具、登山鞋等。

防护用品:蛇伤药、消毒药、驱虫药、感冒药、止泻药、创可贴、防暑药等常用的其他治疗药品。

2.实习的实施

(1)动、植物的形态学观察和描述。在野外实习中,要想认识各动、植物,就应该注意观察它们的形态特点,充分发挥各种感官的作用。例如,对植物进行观察时,可进行"摸、闻、尝、看"。伸手去摸一摸,体会一下叶片的厚薄、叶面粗糙光滑状况、刺的硬度和牢度;用鼻子去闻一闻它是香的、臭的,还是有其他异味的;用舌头舔一舔,尝尝它的味道;再根据植物的习性,按照根、茎、叶、花、果、种子顺序,先用眼睛仔细观察,然后再用放大镜,从花柄、花萼、花瓣、雄蕊到柱头的顶部,一步一步地完成观察并比较它与类似的植物有什么不同,增强感性认识。掌握常用的形态术语,学会用准确的形态术语描述动、植物。

(2)标本的采集、制作与鉴定。通过对野外生物的观察和描述,应用所学的科、属、种的鉴别特征及检索表鉴定动、植物并编写实习地动、植物检索表和物种名录。掌握不同生物标本的采集和制作方法,采集、制作能供教学和科研使用的高质量的标本。

(3)生态学调查。应用生态学方法进行实习地动、植物资源调查,了解群落特征。通过观察、分析动、植物的形态、生长发育、分布规律,了解生物与环境的相互关系,加强环境的保护意识。

(4)实验报告的撰写。实验报告是实习工作的书面总结,可反映实习所取得的成果,是培养学生综合能力的重要环节。一般由实习小组或个人撰写,在实习结束后上交老师,作为学生实习成绩的重要依据。实验报告内容如下所述。

题目:简洁明了,主体突出,字数一般不超过20个,黑体4号。

署名:实习报告的完成者,宋体小五。

摘要、关键词:包括研究目的、方法、结果和结论。字数200~500个,宋体小四,放在正文前面,在实习报告完成后写。关键词:黑体小四,不超过5个。

引言:是正文的第一项内容,撰写的内容包括实习地的自然与社会概况、前人研究的基础、现存的问题、研究的目的。

研究方法和时间:简述采用的方法和实习时间。

结果:是实习报告的核心,是实习的大量数据经过处理、归纳、分析、总结得出的。

阐述时尽量文字表述和图表相结合。

讨论：是对结果进行总结，并与其他相关工作进行比较。提出自己的观点和假设，正确评估自己研究结果的意义和价值。

参考文献：列出文中参考的主要文献，注明作者姓名、论文题目、发表期刊或出版社、日期、刊号、页数等。宋体小五。

正文为宋体小四、标题为黑体小四。

3. 实习的管理

(1) 安全保障。注意交通安全，坐车时不和司机说话，关闭窗户，不将身体伸出窗外，严禁在车内打闹；野外活动中，应注意避免毒蛇、毒蜂、野兽等伤害，险要地段行走要谨慎，晚上不单独外出；野外工作期间，学生必须穿宽松的长裤、长袖、长袜，戴草帽，随身携带药品，不穿鲜艳的衣服；上、下山不嬉戏打闹，注意脚下安全；实习时带水或饮料，不得饮用泉水和品尝野果。

(2) 成绩评定。野外成绩应根据学生完成的实际工作情况(实习态度、标本采集数量、标本制作质量)、实习记录、实习日记、实习报告及组织纪律性等由实习领导小组进行综合评定。实习评定成绩分为优秀、良好、中等、及格、不及格五级。

优秀：自觉遵守实习准则，学习态度积极认真，组织纪律性强，有集体主义精神，尊敬老师，团结同学，讲文明懂礼貌。能按照实习要求，及时并出色地完成实习任务，认真做好野外记录，写好实习日记，按时提交实习报告且质量较高。无违纪现象。

良好：自觉遵守实习准则，实习态度认真，组织纪律性较强，有集体主义精神，尊敬老师，团结同学，讲文明礼貌。能按照实习要求，及时完成实习任务，认真做好野外记录，写好实习日记，按时提交实习报告且质量较高。无违纪现象。

中等：自觉遵守实习准则，实习态度认真，组织纪律性较强，有集体主义精神，尊敬老师，团结同学，能按照实习要求，完成实习任务，认真做好野外记录，写好实习日记，按时提交实习报告且内容基本符合要求。

及格：基本能遵守实习准则，实习态度一般，尚能遵守纪律，服从领导，团结同学。基本能按照实习要求完成实习任务，认真做好野外记录，写好实习日记，按时提交实验报告，但书写格式、内容不够认真。

不及格：实习态度不端正，不遵守纪律，未能完成实习任务、未能认真做好野外记录和实习日记，未按时提交实习报告，书写格式、内容不符合要求。

(3) 实习总结。野外实习是一次综合性的教学活动，尽管时间很短，但对每个参加实习的学生来说，不论是从思想认识还是业务知识方面都会有很大的收获，同时也会有不足之处及存在的问题。因此实习总结意义甚大，应召开总结大会并展示学生的实习成果。总结应从以下两方面进行。

学生个人总结:总结本人在实习中的表现、收获和不足之处,并对实习中存在的问题提出积极的建议。

　　组长或指导教师做野外实习总结:指导教师根据实习的实际情况和实习过程中学生提出的建议和存在的问题进行归纳总结,改进实习教学工作。

安全防护

　　由于实习是在野外进行,随时可能遇到一些特殊情况,如受到毒蛇、马蜂等叮咬和伤害,甚至会遇到暴雨、雷击等自然灾害,因此,个人安全防护尤为重要。

　　(1)防行进中的学生掉、离队。控制队伍行进速度,密切留意学生的体力情况,发觉有状态不佳者,应派专人给予照顾,确保无人离群。

　　(2)防毒蛇咬伤。由于蛇的习性不同,对人的攻击也不同。例如,常见的游蛇亚科的蛇,一般见到人就会逃走;蝮蛇昼伏夜出,晚上待在路边;竹叶青则盘踞在树上,伺机攻击猎物。因此,采集标本时戴草帽,穿厚一点的长裤和高腰鞋,夜晚尽量少出去活动。如果被毒蛇咬伤,应立即排毒,挤出毒液,用1‰的高锰酸钾清洗伤口,并进行包扎,服用蛇药;伤势严重要及时去医院治疗。

　　(3)防毒虫蜇伤。野外常遇到的毒虫为马蜂、蜈蚣、蝎子。不要捅马蜂窝,少穿白色衣服,因为马蜂对白色运动物体比较敏感。一旦被马蜂蜇伤,应立即取蛇药1～2片捣烂,用水调成糊状敷于伤口,并大量饮水排毒。如果蜇伤严重,应立即到医院治疗。蜈蚣在夜晚身体会发出荧光,蝎子出来时,能闻到一股氨气味,所以要格外小心。被蜈蚣和蝎子咬伤后也可以用蛇药进行处理。

　　(4)防蚂蟥叮咬。野外实习正是蚂蟥活动猖獗的季节,天晴时,它一般生活在潮湿的林下或水沟边;雨天,它的尾部用吸盘固定在树干或树叶上,当人走动或晃动树枝时,它的身体伸缩以捕获目标吸血,后自动脱离目标。如果被蚂蟥叮咬,不能强拉,要用手拍打被叮咬的周围皮肤,让其脱落。有效防止被叮咬的办法是穿上山袜,行走时观察身体各部位。一旦发现蚂蟥,立即打掉。此外,上山前应用烟叶泡水洒在衣服和鞋上,防止叮咬。

　　(5)防猛兽袭击。遇到大型动物,谨防各自逃跑,要相互靠拢,集中手中的木棍等工具,防止动物袭击,同时用喊声、恐吓动作等驱赶,不到危急时刻,不要主动出击。

　　(6)防食物中毒。在野外,千万不能品尝野果或蘑菇等,以防中毒。只有经老师鉴定后无毒方可品尝。

　　(7)防摔伤和溺水。采集动、植物标本或进行生态调查时,要随时注意脚下的安全,不能攀爬悬崖或树干,以防摔伤。禁止下水游泳,防止抽筋溺水。

(8)其他意外事件。应随时了解当地的天气预报,掌握有关山火、山洪暴发、雷击、山体塌方等意外事件发生的安全保护知识,避免意外事件的发生。

📖 小专题研究

专题研究就是针对某一主题做的深入研究,旨在培养学生积极探索、勤于实践、搜索和处理信息、扩展知识范围、分析和解决问题以及交流与合作的意识和能力。学生在实践、实习或平时生活中对某一问题或某一生物学现象有自己独到的见解或对以往的研究成果产生怀疑等,即可通过一些可行的实验手段,与同学、老师等一起进行试验研究。这个过程包括提出问题,并得出结论或新的知识。

(1)小专题的选择。小专题的选择可以根据教师指点或同学自己感兴趣的问题进行探究。初步接触专题的同学往往毫无头绪,不知自己的兴趣点在哪里,不知做什么样的专题好。选题后,要么是把题目做得很大,脱离实际,无法深入,最后无法面面俱到,一个问题也没能论述清楚;要么就是不知道如何处理,勉强去做一个自己无力胜任的题目或毫无基础和准备的题目。因此,在设计专题时,考虑问题一定要周全、细致。其实,任何事情,只要你深入进去了,总能发现问题。最好能够结合自己的兴趣,题目不宜过大,对某一个问题进行深入探讨,抓住问题的本质,自己对这个问题有独到的见解,就会写出一篇较好的论文。

介入专题后,最初是查阅相关资料。发达的网络为我们这方面提供了很好的平台,通过查阅较新的资料(一般距现在 5～10 年),了解自己所要研究的领域里前人已做过哪些方面的研究,已经取得了哪些成果,还有哪些问题需要继续探讨。在这个过程中,你不仅会逐步增加自己在某一方面的知识积累,而且会受到一定的启发。但要绝对禁止抄袭。然后进一步修订自己的专题研究方案。选题要有新意,最好能够结合实际,有一定实践意义。

(2)小专题的实施。小专题实施的细则制定得越严谨,做起实验来就越得心应手,越能减少盲目性。在实验过程中,要仔细观察、详细记录,原始记录一定要完整,严禁弄虚作假。此外,在实验过程中要注意小组成员间的沟通与协作,对实验前后的具体情况进行全面、客观的评价。在解决实验遇到的问题时,往往会有一些小的发明,这无疑会增加你的阅历及克服困难的能力。

(3)数据分析。此部分为论文的核心部分,针对在实验过程中所取得的数据,最好能灵活运用所学的物理、化学、数学及统计学等方面的基础知识,科学地解释生物学问题,至少要能够将所做的专题阐述清楚。目前,数学工具较多,如方差分析、时间序列分析、显著性检验、回归分析、主成分分析、聚类分析和判别等。使用前应仔细咨询教师,正确运用统计学方法。OFFICE 软件中带有一些常用的统计方法,专业的统计软件有 SPSS 和 SAS 等。

(4)成果展示与交流。展示与交流的目的就是拓宽视野、取长补短。一方面,通过展示,可以让同学分享你的成果与快乐;另一方面,通过交流,可以找出自己的不足,为今后继续研究提供新的思路。这是一个学会发现自己、欣赏别人的重要过程。成果展示一定要本着实事求是的态度,既不能拔高,也不要贬低,同时还要虚心听取别人对自己成果的评价。

小专题研究重要的是研究的思路与过程,如发现研究题目的灵感、设计方案过程中受到的启迪、保存原始数据、建立实验日志制度等,将实验所做的每一步及体会都记录在案,包括在研究过程中如何发现问题、如何解决问题等。

实践二　校园植物观察

实验目的

1.通过对校园植物的调查研究,熟悉观察研究区域植物及其分类的基本方法。

2.初步了解各大类群的形态和生态环境,对植物的多样性有初步的感性认识。

3.认识校园内的常见植物。

实验用品

放大镜、镊子、铅笔、笔记本、检索表等。

实验内容

由教师带领学生在校园内或附近,讲解各种植物的主要特征,指导学生认识常见的植物。学生可根据所学的形态术语及教材对照植物仔细观察。

1.校园植物形态特征的观察

植物种类的识别和鉴定必须在严谨、细致的观察后进行。对植物进行观察研究时,首先要观察清楚每一种植物的生长环境,然后再观察植物体的形态结构特征。植物形态特征的观察应起始于根（或茎基部），结束于花、果实及种子。先用眼睛进行整体观察，细微且重要的部分必须借助放大镜观察。

2.校园植物种类的识别和鉴定

在对植物观察清楚的基础上，识别、鉴定植物就会变得很容易。对校园内特征明显、自己又熟悉的植物，确认后可直接写下名称；对生疏植物可借助于植物检索表等工具书进行检索识别。

把区域内的所有植物鉴定、统计后，写出名录并把各植物归属于科一级。

3.校园植物的归纳分类

在进行校园植物识别、统计后，为全面了解、掌握校园内的植物资源情况，还须对它们进行归纳分类。分类方式可根据自己的研究兴趣和校园植物具体情况进行选择。对植物进行归纳分类时要学会充分利用有关的参考文献。下面是几种常见的校园植物归纳分类方式：

（1）按植物形态特征分类

木本植物：乔木、灌木、木质藤本。

草本植物：一年生草本、两年生草本、多年生草本。

（2）按植物系统分类

苔藓植物、蕨类植物、裸子植物、被子植物（双子叶植物、单子叶植物）。

附录 1　显微镜的构造与使用

自世界上第一架复式显微镜于 1602 年由荷兰眼镜制造商詹森发明以来,至今已有 400 余年的历史。随着科技的发展,显微镜在生物学领域的研究及教学应用中发挥了巨大的作用。不仅如此,1937 年德国人恩斯特·卢斯卡等还研制出第一台电子显微镜,声波显微镜、核磁共振显微镜等也相继问世。如今,显微镜的放大能力已经从 2000 倍扩大到 80 万倍。

一、明场显微镜

明场显微镜是最常用的显微镜之一,其具体结构见附图 1-1。

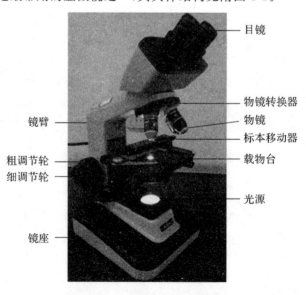

附图 1-1　明场显微镜的结构

1.构造

(1)机械部分

①镜座:用来支撑显微镜。

②镜臂:拿取时便于用手握住。

③镜筒:上接目镜,下连物镜转换器。标准长度一般为160mm。

④物镜转换器:圆盘状、可转动,上面有4个圆孔,物镜即安装在上面,可随意转动、调换镜头。

⑤载物台:中央有一通光孔,由下面电光源反射来的光线,通过该孔投射到标本上。

⑥标本移动器:位于载物台上,用来固定标本,载物台下面有2个螺旋,可前、后、左、右移动标本。

⑦焦距调节:位于镜柱两侧大的螺旋即为粗调节轮,旋转时可升降载物台,用来调整工作距离(物镜前端与盖片上面的距离);位于镜柱两侧小的螺旋即为细调节轮,旋转时可升降载物台(升降载物台的幅度很小)。

(2)光学部分

①目镜:装在镜筒上端,由一组透镜组成,内可装指针,目镜上标有放大倍数(10×)。它的作用是把下面物镜放大的影像再放大一次,映入观察者的眼中。

②物镜:安装在转换器上,共有4个。每个上面都有放大倍数,分别为4×、10×、40×、100×(油镜),显微镜的放大倍数为目镜放大倍数与物镜放大倍数的乘积。显微镜的放大倍数越高,造像就越暗,因为像的每个单位表面所得到的光线少了,所以,观察起来没有低倍镜那样明亮。使用者可根据需要,转换不同的物镜进行观察。物镜上除去标有放大倍数外,还有其他技术参数,如附表1-1所示。

附表 1-1　物镜参数列表

镜头放大倍数	数值孔径(N.A)	镜筒长度/mm	工作距离/mm	盖玻片厚度/mm	系统
4×	0.10	160	35.80	0.17	干燥系
10×	0.25	160	7.12	0.17	干燥系
40×	0.65	160	0.48	0.17	干燥系
100×	1.25	160	0.15	0.17	油浸系

注:①数值孔径(N.A),又称镜口率有关,其值越大,分辨率越高。分辨率是指能够分辨被检物体微细结构的能力。

②镜筒长度,指从镜筒上口缘至物镜的距离,一般为160mm。

③工作距离,指物镜前透镜表面与盖玻片上表面之间的距离。物镜倍数越大,工作距离越近,故在使用高倍镜时,应特别注意,避免两者相撞。

④干燥系,指镜的前透镜与盖玻片之间以空气(折射率为1)为介质。

⑤油浸系,指观察物体时,物镜前透镜与盖玻片之间滴加香柏油(折射率为1.515)作为介质,这样可吸收更多的光量,利于观察。

③聚光镜组

聚光镜:由一组透镜组成,收集从下面反射来的光线,以增加照明的强度。旋转钮可调节聚光镜的升降,在观察比较透明的标本时,可适当降低聚光镜组,以便于获得较好的效果。

虹彩光圈:在聚光镜下面,结构与照相机上的光圈相似,通过调节杆,可使孔径扩大或缩小,有的显微镜在使用不同物镜时,配有相应的刻度,以保证相应的进光量。

滤光镜环与滤光片:滤光镜环位于聚光镜最下面,呈环状,环内可安装滤光片,以改变光线的成分,达到最舒适的观察效果。滤光片为有机玻璃质,一般配有乳白色(毛玻璃)、蓝、绿、黄4种颜色。乳白色滤光片多用于强光下,使视野亮度降低,光线柔和;蓝色滤光片多用于白炽灯灯光下,白炽灯灯光富于黄、橙色,加入蓝色滤光片后,可有效吸收光谱中黄、橙、红色光。

反光镜:可向各个方面转动。一面是平面镜,另一面是凹面镜,凹面更能使光线集中。因此,使用高倍镜时,凹面效果更好;平面反射来的光线较弱,光线强时,用低倍镜效果好,现多为内置电光源,可通过开关调节进光量。

显微镜的放大率:指目镜和物镜的乘积,如10倍目镜配以40倍的物镜,总放大率即为400倍。

2.使用方法

显微镜是精密的仪器,一定要注意保护,为此,按如下方法操作是非常必要的。

(1)领取显微镜:按自己的座位编号到显微镜柜中对号取镜。取镜用右手握住镜臂平稳取出,再以左手拖住镜座,轻轻地放到实验台上(镜臂朝向自己)。

(2)调配坐凳:根据自己的身高,升、降坐凳,以双眼接近目镜感觉舒适为宜。

(3)检查:镜体是否清洁。若机械部分有灰土,可用纱布擦拭,若镜头等部分不清洁,只能用特备的镜头纸擦拭,切勿用手纸或衣物等擦抹。

(4)光度调节:首先将低倍的物镜(常用10×)对准通光孔的正中央,将光圈拨至最大,聚光镜升至最高限度。以左眼从目镜中观察,同时转动反光镜,直到整个视野明亮为止。实验室内一般用凹面镜。

(5)观察:将要观察的载玻片标本(有盖片的一面朝上)放在载物台上,用压片夹卡住,使标本置于通光孔的正中央。

在做好上述准备以后,首先转动粗调节轮,使载物台升至距物镜前端5mm处(小于工作距离),再用双眼观察目镜,转动粗调节轮使载物台徐徐下降,直到看见被检物体清晰为止。若被检物体不在视野中央,可移动推进器。反复练习以上步骤,直到熟练为止。

用低倍镜观察清晰以后,按下限位器(使载物台无法继续升高),再转换高倍镜,可能不十分清晰,此时只可用细调节轮调节焦距,且以旋转1圈为限。此时,严禁使用粗调节轮。

如果由低倍镜转换为高倍镜后,在视野中看不到物像,则应重新退回到低倍镜,检查被检标本是否放在视野中央,再转高倍镜观察,若仍找不到物像,可请教师指导。

若高倍镜无法满足所要观察的标本,可用油镜(100×的物镜),使用油镜时,应先用高倍镜调好焦距,将所要观察的标本放在视野中央。然后,旋转物镜转换器,使物镜移开。将一滴香柏油滴至标本上,使用油镜镜头,至此介质不再是空气(减少光线的折射),此时只能旋转细调节轮直至视野清晰为止。使用油镜时,应格外小心。观察完毕后,将镜头及载玻片擦干净(可用镜头纸蘸取一些二甲苯擦拭)。

(6)观察完毕,将载物台下降,目镜可不对准通光孔,取下载玻片,把显微镜放回原处。

二、体视显微镜

体视显微镜又称为实体显微镜、解剖镜(附图1-2),是一种能够观察具有正像立体感的目视仪器,被广泛地应用于生物学、医学、农林、工业及海洋生物等各部门。在观察被检物体及显微镜操作中具有重要的作用。其成像具有三维立体感,成像清晰和宽阔,像是直立的,且工作距离很长,便于操作和解剖(这是由于在目镜下方的棱镜把像倒转过来的缘故),此外,还可根据被检物体的特点选用不同的反射和透射光照明。

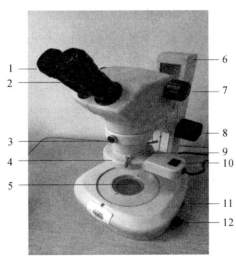

附图1-2　体视显微镜

1.目镜筒　2.视度调节圈　3.紧固螺丝　4.物镜　5.台板　6.立柱
7.连续变倍手轮　8.调焦手轮及升降机构　9.紧固螺丝　10.上光源亮度开关
11.底座及底座亮度开关　12.亮度调节旋钮

1.构造

(1)机械部分

目镜筒:承接目镜的结构。

棱镜箱:内装有棱镜组。

连续变倍手轮:旋转变倍首轮可获得不同的放大率。

立柱:支撑体视镜主体部分的结构。

升降机构:可升降体视镜主体部分。

调焦手轮:旋转调焦手轮可使体视镜主体部分升、降以达到调焦的目的。

托架:连接调焦手轮与主体部分的结构。

紧止手柄:防止主体部分下滑的结构。

防滑手轮:防止镜体下滑。

支撑圈:支撑并锁紧升降机构。

压片夹:可固定被检物体。

台板:毛玻璃板或不透明的瓷板。

底座:可支撑镜体和提供显微镜操作的平台,内有底光源和电器部分。

亮度调节旋钮:根据被检物体进行视野亮度调节。

(2)光学部分

目镜:两个目镜,通过两个棱镜箱的相对运动,可调节两目镜间的距离以适用不同瞳距的观察者。

视度调节圈:可调节左目镜(或右目镜)焦距,使观察者双眼看到的是同样清晰的物体。

物镜:位于体视镜主体部分的下端,可放大被检物体。

上光源:入射灯。

2.使用方法

首先将工作台板放入底座上的台板安装孔内,然后将被检物体平稳放在载物台中央。观察透明标本时,选用毛玻璃台板(磨砂面向下);观察不透明标本时,选用黑白台板。

先将左、右目镜的视度调节圈调整到刻线位置,再转动调焦轮,至得到被检物体清晰的影像为止。若观察的物体较高,可以旋转紧止手柄,用手提起体视镜主体部分,沿立柱向上移动,调节镜体的高度,直至运动到合适的距离(与所选用的物镜放大倍数大体一致的工作距离)。调好后,需锁紧紧止手柄、固定。

通常情况下,先从右目镜筒中观察。将变倍手轮调至最低倍位置,转动调焦手轮对标本进行调节,直到图像清晰后,再把变倍手轮转至最高倍位置继续进行调节,直到标本的图像清晰为止。此时,用左目镜筒观察,如不清晰则沿轴向调节左目镜筒上的视度圈,直到标本的图像清晰为止。

扳动两目镜筒,可以改变两目镜筒的相互距离,以适合观察者双目的出瞳距离,当视场中的两个圆形视场完全重合时,说明瞳距已调节好。应该注意的是,由于个体的视力及眼睛的调节差异,因此,不同的使用者或即便是同一使用者在不同时间使用同一台显微镜时,应分别进行齐焦调整,以便获得最佳的观察效果。得到清晰的影像后,可转动连续变倍手轮,以得到不同的放大率。

无论是更换上光源灯泡,还是更换下光源灯泡,在更换前,请务必将电源开关关闭,电源线插头一定要从电源插座上拔下,也可以请教师帮助。更换灯泡时,需用干净的软布或棉纱布将灯泡擦拭干净,以保证照明效果。

附录 2　植物基本操作

实验目的

通过实验了解并掌握常用的实验操作技术。

实验器材与试剂

显微镜、镊子、滴管、刀片、载玻片、盖玻片、解剖针、蒸馏水、二甲苯。
芹菜、雪松茎、马铃薯、夹竹桃叶或女贞叶。

实验步骤

一、徒手切片法

徒手切片法是从事教学、科研及生产技术工作中常用的、最简便的观察植物内部构造的方法,不需要复杂的设备,仅用普通的双面刀片,即可随时迅速地观察到植物的生活细胞及各器官内部组织的生活状况和天然的色彩。

切片方法如下:

1.选材：一般选用软硬适度的植物根、茎或叶等，材料不宜太硬或太软。切太软的材料时，可用马铃薯块茎、胡萝卜根或肥皂将欲切的材料夹住，一起进行切片。有些叶片亦可卷成圆状再进行切片。欲切之材料，应先截取适当的段块，一般面积的大小以不超过 3～5mm² 为宜，长度以 2～3cm 较便于手持并进行切片。将欲切的新鲜材料浸入清水中备用。

2.切片前，在小培养皿中盛以清水，并准备好切片、滴管、毛笔、载玻片、盖玻片等用品。

3.切片时，用左手的拇指、食指和中指夹住材料，并使其稍突出在手指上，以免刀口损伤手指。右手紧握双面刀片，平放在左手的食指上，刀口向内，且与材料垂直，然后以均匀的动作，自左前方向右方滑行切片，注意要用整个手臂向后拉（手腕不必用力）。切片时动作要敏捷，材料要一次切成，并将刀片蘸水再切材料，以增加刀刃的光滑。如此连续动作，切下许多薄片后，用湿毛笔将薄片轻轻移入已盛水的培养皿上备用。

4.用毛笔挑选最薄而透明的切片，取出放在载玻片上，制成临时装片观察，亦可用其制成永久性的玻片标本。

二、组织离析法

离析法的原理是用一些化学药品配成离析液，使细胞的胞间层溶解，因而细胞彼此分离，获得分散的、单个的完整细胞，以便观察不同组织的细胞形态和特征。离析液的种类很多，最常用的有铬酸—硝酸离析液，是以 10％铬酸液和 10％硝酸液等量混合而成。适用于木质化的组织，如导管、管胞、纤维、石细胞等。

方法如下：

1.将植物材料（如木材、枝条、果壳等）先切成小块或小条（火柴棍粗细，长约 1cm），放入小瓶中，加入离析液，其量约为材料的 10 倍，盖紧瓶塞，放在 40℃左右的温箱中，约 1～2d。具体浸渍的时间依材料块的大小而定。草本植物可不必加温。

2.检查材料是否离析：以细胞间的胞间层溶解，细胞彼此能够分离为准。可取出材料少许，放在载玻片上的水滴中，加盖玻片，轻轻敲压，若材料分离表明浸渍时间已够。

3.洗酸保存：倒去离析液，用清水浸洗已离析好的材料。将小瓶静置，待材料下沉后，再倒去上面的清液，如此反复多次，直至没有任何黄色为止（如有离心机，可将材料转入离心管，用离心机洗酸更为迅速），然后转移至 70％酒精中保存备用。

当需要时，可按临时装片法制片观察，亦可制成永久性的玻片标本。

三、永久性玻片标本的制作

在显微镜下挑选适用的徒手切片、离析材料以及表皮组织等,按下列步骤进行永久性玻片标本的简易制作。

1. 固定:将材料放入盛有 F. A. A. 固定液的培养皿中,处理 30min 至 24h,使其尽可能地保持原有结构与状态。若不及时制作,可转入 70% 酒精中长期保存。

2. 染色:任选下列一种染色液(配方见附录),将材料移入进行染色。

(1)用 0.5%～1% 番红酒液,染色 1～24h,至材料染成深红色即可。然后用 50% 酒精洗去多余的浮色。

(2)用代氏苏木精液染色 1～3h,然后用自来水浸洗多次,至蓝化为止,再过渡至 30% 和 50% 酒精中。

(3)脱水:用 70%、85%、95% 至 100% 的酒精逐级浸泡标本 1～3min,以便逐步减少组织中的水分。

(4)复染:用 0.3% 固绿的纯酒精和丁香油溶液或橘红 G 液滴染 30s 左右,有些材料需延至几分钟,而另一些材料则不必复染。

(5)透明:把材料浸入 1/2 纯酒精和 1/2 二甲苯的混合液中,1～2min 后,换入纯二甲苯中透明 3～5min。

(6)封片:经镜检后,选取合乎要求的材料,置于清洁的载玻片上,加一滴加拿大树胶,盖上盖玻片。放于烘箱中烘干即可。

附录3　生物绘图方法

生物绘图不同于艺术绘画,旨在如实地描绘和记录所观察到的内容。要较好地完成一幅生物绘图作业,主要应注意以下几点。

1. 工具的准备

HB 绘图铅笔 1 支,铅笔刀 1 把,直尺或三角板 1 把,橡皮 1 块,实验报告纸若干,铅笔要削尖。

2. 构图

在绘图纸一面绘图,绘图的大小要适宜,先观察一下标本的大小,如果标本是两侧对称的,则应先画一条线垂直经过图的正中,这样就容易把两部分绘得相称。若绘一张图,可占纸页的 1/2,位置宜中上偏左,若是两个内容,则酌情缩小比例,一定要预留图注的空间。

3.点线的运用

线条的功用是画出图形的轮廓与边界,同一幅画中的线条要求粗细均匀一致,所有的轮廓线应力求浓淡一致,不重不断,无毛边和接点,为一条光滑、粗细均匀的曲线。点的作用表示图形不同部位明暗的变化,明亮的地方用稀疏的点表示,暗的地方用密集的点表示。点点时,将削尖的铅笔垂直运笔,均匀用力,这样才能确保点基本一致且是圆点,切忌暗的地方用大点,明亮的地方用小点。要力求点的均匀性。

4.图注

图绘完之后还要对其细微结构进行标注。题名写在图的下方;图注引线水平伸出,各引线不能交叉。注字横写,右侧排一竖行。所有字均用铅笔以楷书清晰写出。注字图的各部分结构按要求标注清楚。在纸的上方正中写出本实验题目,并在纸的右上角写学生姓名、学号及实验日期。

5.实验报告的撰写

每个学生按要求独立完成。

(1)写明实验题目、学生姓名、学号、实验日期。

(2)简明写出实验目的或原理。

(3)简要写出实际操作步骤。

(4)重点写清楚实验结果;参考有关资料进行结果的分析;解答实验指导上的提问。

附录4 常用染色液的配制

一、常用染色液

1.碘—碘化钾(I_2-KI)溶液:能将淀粉染成蓝紫色,蛋白质染成黄色,也是植物组织化学测定的重要试剂。

配方:碘化钾 2g;蒸馏水 300mL;碘 1g。

先将碘化钾溶于少量蒸馏水中,待全溶解后再加碘,振荡溶解后稀释至 300mL,保存在棕色玻璃瓶内。用时可将其稀释 2～10 倍,这样染色不致过深,效果更佳。

2.苏丹Ⅲ或苏丹Ⅳ(sudanⅢ或Ⅳ):能将木栓化、角质化的细胞壁及脂肪、挥发油、树脂等染成红色或淡红色,是著名的脂肪染色剂。

配方:

(1)苏丹Ⅲ或苏丹Ⅳ干粉 0.1g;95%乙醇 10mL。过滤后再加入 10mL 甘油。

(2)先将 0.1g 苏丹Ⅲ或Ⅳ溶解在 50mL 丙酮中,再加入 70%酒精 50mL。

（3）得到苏丹Ⅲ70％乙醇的饱和溶液。

3.1％醋酸洋红(aceto carmine)：酸性染料,适用于压碎涂抹制片,能将染色体染成深红色,细胞质染成浅红色。

配方：洋红 1g；45％乙酸 100mL 煮沸 2h 左右,并随时注意补充加入蒸馏水到原含量,然后冷却过滤,加入 4％铁明矾溶液 1～2 滴(不能多加,否则会发生沉淀),放入棕色瓶中备用。

4.改良苯酚品红染色液(carbol fuchsine)：核染色剂。

配制步骤：先配成三种原液,再配成染色液。

原液 A：取 3g 碱性品红溶于 100mL 70％乙醇中。

原液 B：取原液 A 10mL 加入到 90mL 5％苯酚水溶液中。

原液 C：取原液 B 55mL,加入 6mL 冰醋酸和 6mL 福尔马林(38％的甲醛)。

原液 A 和原液 C 可长期保存,原液 B 限两周内使用。

染色液：取 C 液 10～20mL,加 45％冰醋酸 80～90mL,再加山梨醇 1～1.8g,配成10％～20％浓度的苯酚品红液,放置两周后使用,效果显著(若立即用,则着色能力差)。

适用范围：适用于植物组织压片法和涂片法,染色体着色深,保存性好,可使用 2～3 年不变质。山梨醇为助渗剂,兼有稳定染色液的作用,假如没有山梨醇也能染色,但效果较差。

5.中性红(neutral red)溶液：用于染细胞中的液泡,可鉴定细胞死活。

配方：中性红 0.1g；蒸馏水 100mL。使用时再稀释 10 倍左右。

6.曙红 Y(伊红,eosin Y)酒精溶液：常与苏木精对染,能使细胞质染成浅红色,起衬染作用。

配方：曙红 Y0.25g；95％酒精 100mL。

也常于 95％乙醇脱水时,加入少量曙红溶液,其目的是在包埋、切片、展片、镜检时便于识别材料。

7.钌红(ruthenium red)染液：钌红是细胞胞间层专性染料,其配后不易保存,应现用现配。

配方：钌红 5～10mg；蒸馏水 25～50mL。

8.甲紫(gentian violet)：为酸性染料,适用于细菌涂抹制片。

配方：甲紫 0.2～1g；蒸馏水 100mL。

9.苯胺蓝(aniline blue)溶液：为酸性染料,对纤维素细胞壁、非染色质的结构、鞭毛等,尤其是染色状藻类效果最好。还多用于与真曙红做双重染色,对于高等植物多用于与番红做双重染色剂。

配方：苯胺蓝 1g；35％或 95％乙醇 100mL。

10.间苯三酚(phloroglucin)溶液:用于测定木质素。

配方:间苯三酚 5g;95％乙醇 100mL。注:此溶液呈黄褐色即失败。

11.橘红 G(orange G)乙醇溶液:为酸性染料,染细胞质,常作二重或三重染色用。

配方:橘红 G 1g;95％乙醇 100mL。

12.番红(safranin O):为碱性染料,适用于染木化、角化、栓化的细胞壁,对细胞核中染色质、染色体和花粉壁等都可染成鲜艳的红色。并能与固绿、苯胺蓝等做双重染色,与橘红 G、结晶紫做三重染色。

配方:

番红水溶液:番红 0.1g 或 1g、蒸馏水 100mL;

番红乙醇溶液:番红 0.5g 或 1g、50％(或 95％)乙醇 100mL;

苯胺番红乙醇染色液。

甲液:番红 5g＋95％乙醇 50mL;

乙液:苯胺油 20mL＋蒸馏水 450mL。

将甲、乙两溶液混合后充分摇均匀,过滤后使用。

13.固绿(fast green):又称为快绿溶液。为酸性染料,能将细胞质、纤维素细胞壁染色成鲜艳绿色,着色很快,故要很好地掌握着色时间。

配方:

固绿乙醇液:固绿 0.1g;95％乙醇 100mL。

苯胺固绿乙醇液:固绿 1g;无水乙醇 100mL;苯胺油 4mL。

配后充分摇匀,过滤后使用。现配用效果好。

14.苏木精(hematoxylin)染液:苏木精是植物组织制片中应用最广的染料,是苏木科植物苏木的心材提取出来的。它是很强的细胞核染料,而且可以分化出不同颜色。配方很多,现举海登汉氏(Heidenhain's)苏木精染色液为例,又称为铁矾苏木精染色液。

配方:

甲液(媒染剂):硫酸铁铵(铁明矾)2～4g;蒸馏水 100mL,必须保持新鲜,最好临用之前配制;

乙液(染色剂):苏木精 0.5～1g;95％乙醇 10mL;蒸馏水 90mL。

配制步骤:

(1)将苏木精溶于乙醇溶液,瓶口用双层纱布包扎,使其充分氧化(通常放置 2 个月后方可使用);

(2)加入蒸馏水,塞紧瓶口,置于冰箱中可长期保存。

切片需先经甲液媒染,并充分水洗后才能以乙液染色,染色后经稍水洗再用另一瓶甲液分色至适度。

　　铁矾苏木精染液为细胞学上染细胞核内染色质最好的染色剂,但要注意甲液与乙液在任何情况下绝不能混合。

　　15.亚甲基蓝染液:常用于细菌、活体细胞等染色。

　　取 0.1g 亚甲基蓝,溶于 100mL 蒸馏水中即成。

　　16.詹纳斯绿 B(Janus green B)染液:将 5.18g 詹纳斯绿溶于 100mL 蒸馏水,配成饱和水溶液。用时需稀释。稀释的倍数应视材料不同而异。

　　17.硫堇染液:取 0.25g 硫堇(也称劳氏青莲或劳氏紫)粉末,溶于 100mL 蒸馏水中,即可使用。使用此液时,需要用微碱性自来水封片或用 1％NaHCO₃ 水溶液封片,能呈多色反应。

　　18.黑色素液:水溶液黑素 10g;蒸馏水 100mL;甲醛(福尔马林)0.5mL。可用作荚膜的背景染色。

　　19.墨汁染色液:国产绘图墨汁 40mL;甘油 2mL;液体石炭酸 2mL。现将墨汁用多层纱布过滤,加甘油混合后,水浴加热,再加石炭酸搅匀。用作荚膜的背景。

　　20.吕氏(Loeffier)美蓝染色液:A 液,美蓝(methylene blue,又名亚甲蓝)0.3g,95％乙醇 30mL;B 液,0.01％ KOH 100mL。混合 A 液和 B 液即成,用于细菌单染色,可长期保存。根据需要可配制成稀释美蓝液,按 1∶10 或 1∶100 稀释均可。

　　21.革兰氏染色液:方法如下。

　　(1)结晶紫(cristal violet)液:结晶紫乙醇饱和液(结晶紫 2g 溶于 20mL 95％乙醇中)20mL,1％草酸铵水溶液 80mL。将两液混匀后置 24h 后过滤即成。此液不易保存,如有沉淀出现,需重新配制。

　　(2)芦戈(Lugol)氏碘液:碘 1g;KI 2g;蒸馏水 300mL。先将 KI 溶于少量蒸馏水中,然后加入碘使之完全溶解,再加蒸馏水至 300mL,即成。配成后储于棕色瓶内备用,如变为浅黄色则不能使用。

　　(3)95％乙醇:用于脱色,脱色后可选用以下(4)或(5)的其中一项复染即可。

　　(4)稀释石炭酸复红溶液:碱性复红乙醇饱和液(碱性复红 1g;95％乙醇 10mL;5％石炭酸 90mL)10mL,加蒸馏水 90mL。

　　(5)番红溶液:番红(safranine,又称沙黄)2.5g;95％乙醇 10mL,溶解后可储存于密闭棕色瓶中,用时可取出 20mL 与 80mL 蒸馏水混匀即可。

　　以上染色液配合使用,可区分出革兰氏染色结果呈阳性(G＋)或阴性(G－)细菌,前者蓝紫色,后者淡红色。

　　22.齐氏(Ziehl)石炭酸复红液:碱性复红 0.3g 溶于 95％乙醇 10mL 中为 A 液;0.01％ KOH 溶液 100mL 为 B 液。混合 A、B 液即成。

23. 姬姆萨(Giemsa)染液:方法如下。

(1)储存液:取姬姆萨粉 0.5g,甘油 33mL,甲醇 33mL。先将姬姆萨粉研细,再逐滴加入甘油,继续研磨,最后加入甲醇,在 56℃放置 1～24h 后即可使用。

(2)应用液(临用时配制):取 1mL 储存液加 19mL pH7.4 的磷酸缓冲液即成。也可以储存液:甲醇＝1∶4 的比例配制成染色液。

24. 1%瑞氏(Wright's)染色液:称取瑞氏染色分 6g,放研钵内磨细,不断滴加甲醇(共 600mL)并继续研磨使之溶解。经过滤后染液需储存一年以上才可使用,保存时间越久,则染色色泽越佳。

二、常用试剂

(1)磷酸盐缓冲液(PBS):用 800mL 蒸馏水溶解 8g NaCl,0.2g KCl,1.44g Na_2HPO_4 和 0.24g KH_2PO_4。用 HCl 调节溶液的 pH 至 7.4,加水至 1L。分装后在 15psi(1.05kg/cm²)高压蒸汽灭菌 20min,或过滤除菌,保存于室温。

(2)红细胞稀释液:称取氯化钠 0.5g,硫酸钠 2.5g,氯化汞 0.25g,用蒸馏水溶解至 100mL。

(3)白细胞稀释液:取冰醋酸 1.5mL 和 1%甲紫 1mL,混匀,加蒸馏水溶解至 100mL。

(4)肝素溶液:纯的肝素 10mg 能抗凝 100mL 血液。如果肝素的纯度不高或已过期,所用的剂量应增大 2～3 倍。一般可配 1%肝素于 0.9%生理盐水中使用。

(5)草酸盐抗凝剂:称取草酸铵 1.2g,草酸钾 0.8g,加蒸馏水至 100mL,为防止霉菌生长,可加 40%甲醛溶液 1mL。

(6)柠檬钠抗凝剂:常配成 3%～5%蒸馏水溶液。每毫克血加 3～5mg 即可达到抗凝目的。

附录5　实验报告

植物学实验报告(一)

实验题目：＿＿＿＿＿＿＿＿＿＿＿＿＿　日期：＿＿＿＿年＿＿＿＿月＿＿＿＿日

姓名＿＿＿＿　学号＿＿＿＿　专业＿＿＿＿＿＿　得分＿＿＿＿

1.请简述马铃薯中淀粉粒周围的轮纹的形成原因。

2.糊粉粒中的球晶体和拟晶体与真晶体有何区别？

3.将胞间层、纤维素、角质、栓质、木质的化学鉴定结果列表总结：

材料	鉴定项目	化学试剂	反　应
	淀粉粒		
	糊粉粒		
	油滴		
	果胶质		
	纤维素		
	栓质		
	木质素		

4.请简述纹孔、单纹孔与具缘纹孔在结构上有哪些区别。

5.请简单描绘被挤出细胞外未染色的发亮糊粉粒。

植物学实验报告（二）

实验题目：_____　日期：_____年_____月_____日
姓名_____　学号_____　专业_____　得分_____

1.列表比较各类成熟组织的细胞形态、特点、功能及在植物体内的分布等方面的异同。

2.绘出一种植物叶表皮细胞及其气孔器详图，并注明各部分。

3.将所观察到的不同类型的导管各绘一个导管分子，比较它们细胞壁加厚的部位的特点。

植物学实验报告(三)

实验题目：＿＿＿＿＿＿＿＿＿＿＿＿　　日期：＿＿＿＿年＿＿＿月＿＿＿日

姓名＿＿＿＿　　学号＿＿＿＿　　专业＿＿＿＿＿＿　　得分＿＿＿＿

1. 比较双子叶植物根与茎的初生结构。

2. 列表比较双子叶植物茎与禾本科植物茎在初生结构上有何不同。

3. 比较发现玉米茎和小麦茎在构造上的异同点。

4. 根、茎的形成层细胞来源上有何异同？它们能分化出哪些细胞？在植物体内起什么作用？

5. 根、茎中木栓形成层的发生和活动有何不同？周皮和树皮有何关系？

6. 一个叶芽是如何发育成成年枝条的？详细论述双子叶植物从芽发育到成年枝条时内部结构的变化。

植物学实验报告(四)

实验题目:＿＿＿＿＿＿＿＿＿＿＿＿＿＿　日期:＿＿＿＿＿年＿＿＿＿月＿＿＿＿日

姓名＿＿＿＿＿＿　学号＿＿＿＿＿＿　专业＿＿＿＿＿＿＿＿　得分＿＿＿＿＿＿

1.如何从维管束的结构上区别小麦叶和玉米叶?

2.双子叶植物与禾本科植物叶的解剖结构有何异同?

3.比较分析旱生植物和水生植物叶在结构上的异同。

4.从松针叶的结构分析它属于哪种生态类型的植物。

5.绘制女贞叶横切面部分详图(包括主脉及两侧叶肉),注明各结构名称。

植物学实验报告(五)

实验题目：_____　　日期：_____年_____月_____日

姓名_____　　学号_____　　专业_____　　得分_____

1.列表比较你所观察的几种花的各组成部分的特点。

2.胚囊在什么地方形成？以单孢子胚囊（又称蓼型胚囊）为例，说明孢原细胞如何发育为雌配子体（成熟胚囊）。

3.成熟花粉粒（雄配子体）的结构如何？怎样从孢原细胞发育为小孢子（单核花粉粒）？又如何进一步发育为成熟的雄配子体（包括 2 种形式）？

4.绘出百合子房横切面的简图及一个成熟胚珠的结构。

植物学实验报告(六)

实验题目:_____　日期:_____年_____月_____日

姓名_____　　学号_____　　专业_____　　得分_____

1.在进行植物微型标本的制作中,有压制标本、烘箱加温、中性树胶封片等主要步骤,请说明这几个主要步骤的作用是什么。

主要步骤	该步骤的作用
压制标本	
烘箱加温	
中性树胶封片	

2.拍摄制作完成的标本,打印后上交。

植物学实验报告(七)

实验题目:_____ 日期:_____年_____月_____日

姓名_____ 学号_____ 专业_____ 得分_____

试列表总结植物界基本类群的主要特征和进化趋势。

动物学实验报告(一)

实验题目:_____　日期:_____年_____月_____日
姓名_____　学号_____　专业_____　得分_____

绘制草履虫放大详图,并标出各结构名称。

动物学实验报告(二)

实验题目:_____ 日期:_____年_____月_____日

姓名_____ 学号_____ 专业_____ 得分_____

1.总结寄生扁形动物有哪些适应于寄生生活的形态特征。

2.绘制水螅横切面图,注明各结构名称。

动物学实验报告(三)

实验题目:_____ 日期:_____年_____月_____日

姓名_____ 学号_____ 专业_____ 得分_____

1.为了适应土壤生活,蚯蚓做出了哪些适应性进化?

2.解剖蚯蚓,分离出消化系统、生殖系统和循环系统,拍摄后打印,并注明各器官的名称称。

动物学实验报告(四)

实验题目:＿＿＿＿＿＿＿＿＿＿＿＿ 日期:＿＿＿＿年＿＿＿月＿＿＿日

姓名＿＿＿＿ 学号＿＿＿＿ 专业＿＿＿＿＿ 得分＿＿＿＿

1.简述节肢动物开管式循环系统的特点。

2.分离出消化系统、生殖系统和循环系统,拍摄后打印,并注明各器官的名称。

动物学实验报告（五）

实验题目：_____ 日期：_____年_____月_____日

姓名_____ 学号_____ 专业_____ 得分_____

采集并制作标本后，制作人工琥珀，上交昆虫标本或琥珀。

动物学实验报告(六)

实验题目:＿＿＿＿＿＿＿＿＿＿＿＿＿　日期:＿＿＿＿年＿＿＿月＿＿＿日

姓名＿＿＿＿＿　学号＿＿＿＿＿　专业＿＿＿＿＿＿　得分＿＿＿＿＿

1.简述鱼循环系统的特点。

2.解剖鲫鱼后,分离出消化系统、循环系统、生殖系统,拍摄后打印并注明各器官名称。

动物学实验报告（七）

实验题目：＿＿＿＿＿＿＿＿＿＿＿＿＿＿　日期：＿＿＿＿年＿＿＿月＿＿＿日

姓名＿＿＿＿＿　学号＿＿＿＿＿　专业＿＿＿＿＿＿＿　得分＿＿＿＿

1. 蛙的哪些结构体现了两栖纲对环境的适应？

2. 解剖后，将消化系统、泄殖系统独立分离出，拍摄后打印并注明器官名称。

动物学实验报告(八)

实验题目：_____ 日期：_____年_____月_____日

姓名_____ 学号_____ 专业_____ 得分_____

1.归纳小白鼠有哪些形态结构表现哺乳类的进步性特征。

2.完整分离小白鼠的消化系统、循环系统、泌尿生殖系统,拍摄并注明各器官名称。

生态学实验报告(一)

实验题目:＿＿＿＿＿＿＿＿＿＿＿＿＿　日期:＿＿＿＿＿年＿＿＿＿月＿＿＿＿日

姓名＿＿＿＿＿＿　学号＿＿＿＿＿＿　专业＿＿＿＿＿＿＿＿　得分＿＿＿＿＿

1.沉水植物、浮水植物和挺水植物叶在结构上分别有哪些特点? 这些特点是如何与其所处的环境相适应来满足植物生长发育需要的?

2.旱生植物叶在结构上出现哪些适应环境的特征? 这些特征在植物抵御干旱环境中的作用是什么?

生态学实验报告（二）

实验题目：＿＿＿＿＿＿＿＿＿＿＿＿＿　日期：＿＿＿＿年＿＿＿＿月＿＿＿＿日
姓名＿＿＿＿＿　学号＿＿＿＿＿　专业＿＿＿＿＿＿＿　得分＿＿＿＿

1. Lincoln 指数法调查的使用范围是什么？其可靠程度如何？

2. Lincoln 指数法需要取多大样方才可以较准确地估计种群数量？

3. 去除取样法是否适用于所有的种群？为什么？

4. 去除取样法中，如果所得的数据不能进行线性回归，原因是什么？

生态学实验报告（三）

实验题目：＿＿＿＿＿＿＿＿＿＿＿＿　日期：＿＿＿＿年＿＿＿月＿＿＿日

姓名＿＿＿＿＿　学号＿＿＿＿＿　专业＿＿＿＿＿＿＿　得分＿＿＿＿＿

1. 进行多轮投骰，构建一张生命表。

年龄 x	存活个体数 n_x	存活率 l_x	死亡率 d_x	死亡率 q_x	k_x
0					
1					
2					
3					
...					
n					

2. 改变规则后，生命表会发生什么样的变化？

生态学实验报告(四)

实验题目:＿＿＿＿＿＿＿＿＿＿＿＿＿ 日期:＿＿＿＿年＿＿＿月＿＿＿日

姓名＿＿＿＿＿ 学号＿＿＿＿＿ 专业＿＿＿＿＿＿ 得分＿＿＿＿

写出调查区域内的校园植物名录(归属到科),并对它们进行归纳分类。

种名	科名	形态特征		生长场所
		茎叶	花果	

参考文献

1. 吴敏.生命科学导论实验.北京:高等教育出版社,2013.

2. 张霞.生物科学实验导论教学指导.北京:高等教育出版社,2007.

3. 娄安如,牛翠娟.基础生态学实验指导.北京:高等教育出版社,2014.

4. 高信曾.植物学实验指导(形态解剖).北京:高等教育出版社,1986.

5. 汪小凡,杨继.植物生物学实验.北京:高等教育出版社,1986.

6. 刘宁,刘全儒,等.植物生物学实验.北京:高等教育出版社,2016.

7. 王幼芳,李宏庆,马炜梁.植物学实验指导.北京:高等教育出版社,2014.

8. 刘凌云,郑光美.普通动物学实验指导.北京:高等教育出版社,2010.

9. 贺秉军,赵忠芳.动物学实验指导.北京:高等教育出版社,2010.

10. 黄诗笺,卢欣.动物生物学实验指导.北京:高等教育出版社,2010.